수학의 노벨상

필즈상
이야기

이 시대의 천재 수학자들은 왜 난제에 도전했을까?

수학의 노벨상
필즈상
이야기

김원기 지음

살림Math

서문

국제수학자대회(International Congress of Mathematicians, ICM)라는 것이 있다. 이 모임은 100년이 넘는 역사를 자랑하는 전 세계 수학자들의 잔치이다. 말 그대로 지구 곳곳에서 활동하고 있는 뛰어난 수학자들이 모두 참여해, 지난 4년간 수학적 연구의 진척 과정과 앞으로의 전망을 공유하고 토론하는 대회이다. 아마 모든 수학도가 이 모임에 참석해 세계 수학계를 리드하는 수학자들의 강연을 듣기를 원할 것이다.

2014년에는 한국에서 이 대회가 열린다. 그리고 여태껏 그래 왔듯 필즈상 수상자가 발표될 것이다. 필즈상은 흔히 수학의 노벨상이라고 불리는, 수학자로서 받을 수 있는 최고의 영예 중 하나이다. 그러나 4년마다 시상식이 열리며 수상자는 만 40세 이하여야 한다는 제한이 있는 매우 받기 어려운 상이기도 하다. 2~4명에게 공동으로 상이 수여되는데, 후보는 물론 만 40세 미만의 젊은 수학자들이다. 수학적 업적이 뛰어난 이론물리학자도 이 상을 받을 수는 있지만, 대체로 순수수학 분야에서 중요하고 영향력이 큰 영역을 연구하여 뛰어난 성취를 이룬 사람에게 수여된다. 주로 수십 년에서 수백 년 동안 풀리지 않았던 난제들을 해결한 경우가 대부분이다. 이렇게 가장 중요한 연구 업적을 남긴 젊은 수학자들은 수상의 영예를 누리고, 세계 지식인 사회는 이 선도적인 젊은 수학자들의 이름과 업적에 대해 듣게 된다. 필즈상 수상자들은 이전의 선배들처럼 앞으로 수십 년간 세계 수학계를 이끌어 갈 것이다.

보통 수학사에 관한 책들은 전설적인 인물들을 대상으로 하기 마련이다. 대중들을 위한 수학사 책을 집어 든 독자들은 리만, 오일러, 가우스, 아벨, 갈루아, 칸토어, 힐베르트, 괴델 등 이름만 들어도 가슴이 뛰는 위대한 천재들의 극적인 일생에 관한 이야기들을 주로 듣게 된다. 말을 배우기 전부터 계산을 할 수 있었다는 가우스의 천재적인 일화나, 수학의 역사를 바꾸어 놓았지만 결투 도중 스무 살의 나이로 죽어야 했던 갈루아의 비극적인 짧은 생애 말이다.

이들 대부분은 19세기 이전의 사람들이다. 당연히 20세기 이후에도 이 선배들의 업적을 바탕으로 수학은 계속 발전해 왔다. 수학사에서 가장 기이한 천재였을 라마누잔, 사이버네틱스의 노베르트 위너, 카타스트로피 이론의 르네 통, 프랙탈의 만델브로, 게임 이론의 폰 노이만, 그리고 페르마의 정리(혹은 타니야마-시무라 추론)를 증명한 앤드루 와일즈와 푸앵카레 추측을 증명한 그리고리 페렐만 등, 몇몇 이름들은 우리에게 그리 낯설지 않다. 이들 모두 20세기 수학에 혁신을 일으키고 세계에 대한 우리의 지식을 변화시킨 천재들이다.

수학의 성과는 계속 누적되면서 심화되고 전문화되기 때문에 대중들을 위한 책을 쓰기가 힘든 편이다. 그래서 우리가 쉽게 접할 수 있는 수학사 책은 거의 19세기 이전의 수학자들을 다루고 있다. 하지만 이 책은 20세기 수학의 역사 그 자체라고 해도 과언이 아닐 필즈상의 역사와 수상자들을 중심으로 그 어느 때보다도 더 화려하면서도 풍성한 성과를 거두고 있는 수학이라는 학문의 현재를 대중들이 좀 더 가깝게 느낄 수 있도록 기획하였다. 난해한 현대 수학의 내용은 최대한 간략하게, 누구나 이해할 수 있는 선에서 설명하려고 했으며 수학자 사회와 수학자들에 대한 이야기를 풍성하게 담으려 했다. 필즈상이란 소재를 통해 현대 수학의 흥미로운 이야기들을 다룬 책이라고 보면 좋을 듯하다. 이런 책들이 한 권 한 권 쌓여 가면서 수학과 과학이 우리 사회의 진정한 교양의 토대가 되는 날이 오기를 바라는 마음으로 이 책을 썼다.

언제부턴가 세계문학전집을 옆에 끼고 살았던 문학 소년이었던 내게 수학과 과학이 재미있는 분야라는 기대와 믿음이 생겼다. 하지만 관찰이나 실험을 한다든가, 계산을 하는 일은 그다지 즐겨하지 않았던 걸 보면 수학이나 과학의 '공부'를 좋아한 건 아닌 것 같다. 그러나 가장 신기하고 기이한 부류인 수학자와 과학자들의 이야기를 읽으며 수학과 과학에는 '뭔가'가 있다는 확신이 있었다.

이제는 그 '확신'에 대해 이렇게 말할 수 있다. 과학자들은 시인들처럼 '다른 세상'을 보고 느낄 수 있는 사람들이고, 이들의 새로운 눈을 통해 보게 되는 새로운 세계에 대한 예감이 나를 매혹시켰던 것이라고 말이다.

문학평론가이자 과학철학자였던 가스통 바슐라르는 시와 과학이 사실은 그리 다르지 않은 지적 활동이라고 말했다. 그 이유는 시적 인식이나 과학적 인식은 일상적인 타성의 세계와 단절을 필요로 하기 때문이라는 것이다. 어떻게 보면 우리가 일상적으로 느끼는 감정이나 생각들은 매우 익숙하고 편한 것들이어서 그것을 벗어난 '다른' 혹은 '외부의' 세계가 있다는 생각을 하기가 쉽지 않다. 만일 영화 〈식스 센스)의 주인공처럼 남들이 보지 못하는 유령들이 우리 주변을 걸어 다니는 것을 볼 수 있게 된다면 세상이 어떻게 보일까? 만일 그런 낯선 세계가 존재하고 그 세계의 아름다움에 빠져 있는 이들이 있다면, 평범한 사람들의 눈에 그들이 괴상하거나 특이한 존재로 보이는 게 당연하지 않을까.

그런 점에서 수학자들은 누구보다 괴상한 존재들이라고 할 수 있다. 수학은 모든 곳에서 발견할 수 있지만 결코 어느 곳에서도 찾을 수 없는 기괴한 대상을 다루고 있기 때문이다. 어렵게 말하자면 수학은 추상적인 존재들인 '패턴'을 다룬다고 할 수 있다. 수학에서 다루는 패턴들이 추상적이라는 이야기가 잘 와 닿지 않을지도 모른다. 우리는 물건의 개수를 세거나 모양을 설명할 때 구체적인 대상에 대해 말하는 것이라고 생각하기 때문이다.

하지만 우리는 바나나 세 개, 커피 다섯 잔을 만지거나 볼 수 있어도 3이나 5라는 '수' 그 자체를 보거나 만질 수는 없다. 도형을 아무리 작게 그려도 크기가 없는 점, 두께가 없는 선을 그리거나 표시하는 것은 불가능하다. 우리는 구체적인 사물을 통해서 수학적 대상을 '간접적으로' 표현할 수 있을 뿐, 수학적 대상 자체는 감각의 세계에 존재하지 않는다는 이야기이다.

　수학은 이렇게 존재하면서도 존재하지 않는 추상적인 세계를 다룬다. 예를 들어 하나의 수 뒤에는 그 다음 수가 존재하는 무한한 연쇄 구조인 1, 2, 3⋯⋯의 자연수 패턴을 다루고 점, 선, 면으로 이루어진 기하학적 패턴을 다루며, 변형을 통해서도 변화하지 않고 이어져 있는 모양을 탐구하는 위상학적 패턴을 다루기도 한다. 그리고 이러한 기본적인 패턴들을 서로 연결시키는 더욱더 추상적인 패턴(혹은 구조)을 수학자들은 연구한다.

　나는 수학자들을 패턴의 패턴, 구조의 구조라는 현기증 나는 추상의 심해를 더 깊이 파고드는 '생각의 잠수부들'이라고 부르고 싶다. 보통 사람들이라면 몇 분도 되지 않아 산소 부족으로 허우적거리며 뛰쳐나오겠지만 수학자들은 몇 시간씩, 심지어는 몇 년씩 생각의 미개척지를 끈기 있게 탐험하는 '정신의 모험가'가 아닐까. 그들은 직접 본 사람들만이 느낄 수 있는 수학 세계의 아름다움에 매혹되어 기꺼이 평생을 바치는 사람들이기도 하다.

하지만 아무리 수학의 세계가 아름답고 심오하다고 하더라도 수학자 역시 잠을 자고 밥을 먹어야 하는 우리와 같은 '사람'이다. 그렇기 때문에 이들은 종종 학문의 영역 바깥에서 서투른 천재의 이미지를 만들어 내기도 한다. 아마 우리가 즐겨 듣는 천재들의 이야기는 바로 이런 종류의 일화들일 것이다.

그러나 이러한 서투름은 때로는 (유머스러운) 경외감을 자아내기도 한다. 몇 년 전에 타계한 고(故) 오경호 교수는 항상 수학 이야기만 하는 전형적인 수학자였다. 언제나 지치지 않는 수학 이야기에 기가 질린 동료 교수가 어느 날 오경호 교수에게 이렇게 물었다.

"오 교수, 최진실이 누군지 아시오?"

오 교수는 그 질문을 던진 동료에게 이렇게 되물었다고 한다.

"제가 공부가 짧아 들어 본 적이 없군요. 어떤 논문을 쓴 사람입니까?"

이러한 유머와 경외감을 독자들과 나누고 싶었던 것도 이 책을 쓴 동기가 되었다. 모쪼록 수학을 사랑하는 독자들에게 작은 즐거움을 드릴 수 있기를 바란다. 조금 더 욕심을 내자면, 수학을 사랑하지 않는 (혹은 못했던) 독자들에게는 더 큰 즐거움이 있기를.

2010년 8월 김원기

부모님과 사랑하는 보라 씨에게 이 책을 바칩니다.

제3부 20세기 수학과 필즈상 이야기

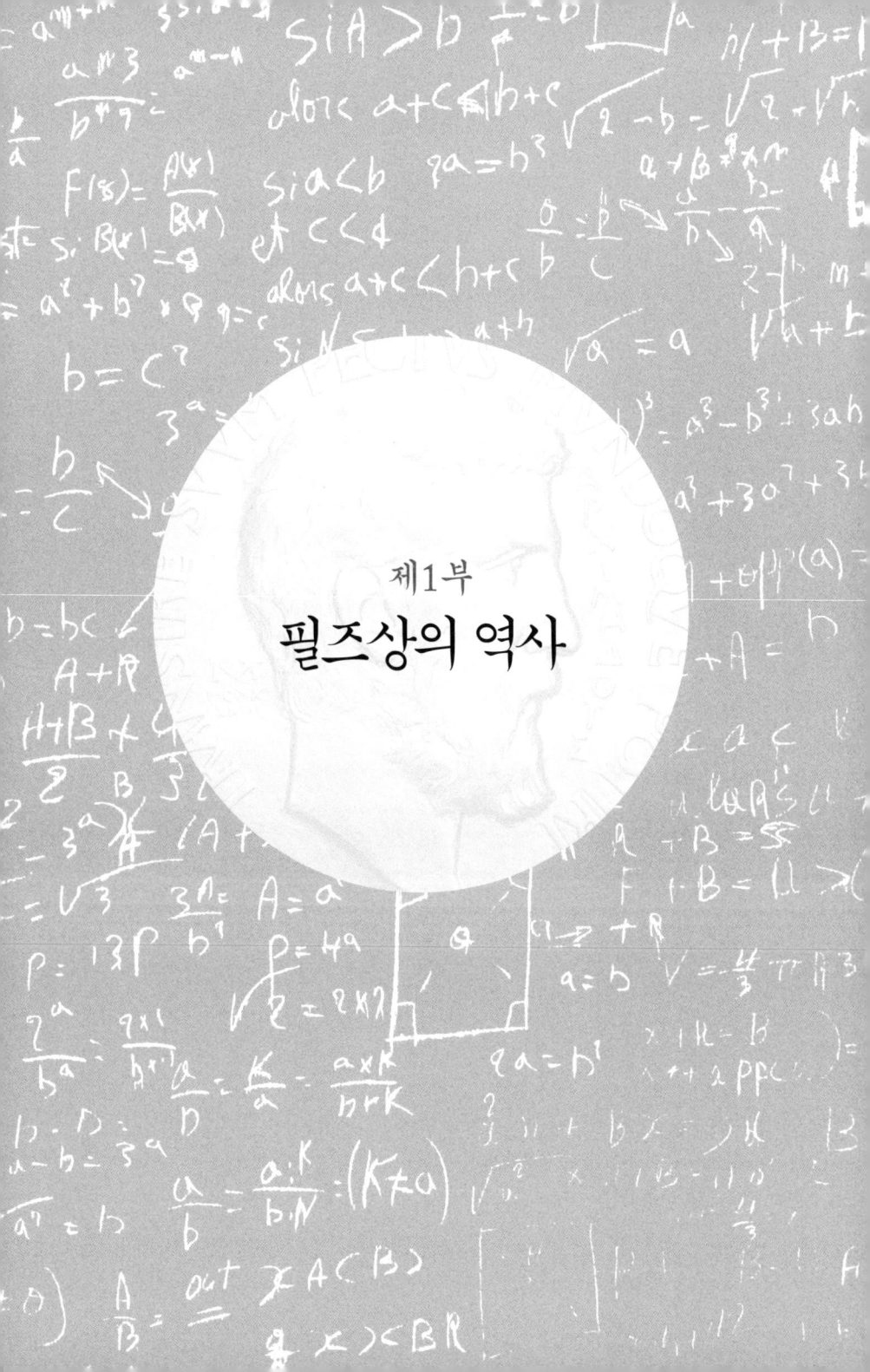

제1부
필즈상의 역사

어느 수학자의 유언

1932년 초여름 캐나다 토론토 대학교의 응용수학과 교수인 존 라이튼 싱은 병상에 누워 있는 친구의 부름을 받고 황급히 달려가고 있었다. 8년 전인 1924년, 국제수학자대회를 캐나다에서 개최하기 위해 함께 노력했던 선배이자 동료인 존 찰스 필즈가 위독한 상황이었기 때문이다. 어쩌면 필즈가 유언을 남겨야 하는 상황이 올 수도 있었다. 죽어 가는 친우(親友)의 유언을 따라야 하는 책임은 무거운 법이다. 게다가 필즈 같은 학자라면 단순히 신변에 대한 부탁만 남기지는 않을 터. 싱은 지난 몇 년간 필즈가 계획하고 실현하려고 했던 그 '사업'에 대한 생각을 지울 수 없었다. 어쩌면 그것을 실현시키는 게 필즈의 마지막 부탁이 될 수도 있었다.

존 필즈는 위대한 수학자 반열에 오를 수 있는 사람은 아니었을지라도 매우 정력적이고 활동적인 사람으로 캐나다 수학의 발전을 위해 많은 기여를 한 인물이었다. 무엇보다 1924년 국제수학자대회를 캐나다에서 개최한 것은 오랜 세월에 걸친 필즈의 노력이 결실을 맺은 쾌거였다. 국제수학자대회는 1897년 처음 개최된 세계 수학자들의 축제이다. 필즈는 캐나다 수학의 발전을 위해서 이 대회를 꼭 조국에서 개최하고 싶어 했고, 사방팔방으로 뛰어다니며 사람들을 설득한 그의 노력이 드디어 보답을 받았던 것이다.

다행히도 캐나다에서 열린 수학자대회는 4년 전 프랑스의 스트라스부르에서 열렸을 때에 비해 두 배나 많은 인원인 444명의 수학자가 참가해 성황을 이루었다. 이는 제1차 세계대전으로 인해 균열되었던 학자들의 공동체가 다시 봉합되고 있다는 증거이기도 했다. 한동안 승전국의 일부 수학자들은 전쟁을 일으킨 패전국의 동료들과 함께 토론하는 것을 거부하고 있었다. 다행히도 영국의 하디 등 주요 수학자들이 열린 학문 공동체를 위한 화합을 부르짖으면서 서서히 그 상처들이 아물고 있었다. 이러한 이유로 1924년 열린 수학자대회는 수학자들의 화합을 다지는 중요한 계기가 되었다.

이 대회에서는 행사 일정이 토론토에만 국한되지 않고 밴쿠버와 브리티시컬럼비아로의 기차 여행과 선박 여행이 포함되어 있었기 때문에 매우 분주했다. 회의 주관을 맡은 필즈는 거의 잠을 자지 못할 정도였고, 이 회의가 끝나자마자 그만 탈진해 쓰러지고 말았다. 게다가 함께 대회를 이끌었던 싱이 잠시 외국 대학으로 자리를 옮긴 상황이어서, 대회 자료집을 만드는 일도 필즈 혼자만의 몫이 되어 버렸기 때문에 쉴 틈도 없었다. 이렇게 몇 년간 무리한 일정을 소화하면서 필즈는 이전과 같은 건강을 다시는 회복하지 못한 채 쇠약해져 갔다.

필즈는 이제 죽음을 앞두고 병마와 싸우며 자신의 마지막 '사업'을 완성하고자 다짐하던 중이었다. 그가 누워 있는 병상에 도착했을 때 싱은 필즈가 이미 작성해 둔 유언장을 받았다. 유언장에는 그의 재산 대부분을 그가 몇 년째 주장해 왔던 어떤 '상'을 만드는 데 기증한다는 내용이 담겨 있었다. 또한 필즈는 싱에게 그해 9월 스위스 취리히에서 열릴 수학자대회에서 자신이 남긴 짤막한 제안서를 발표해 달라고 부탁했다. 물론 건강이 회복된다면 필즈는 취리히에서 자신이 직접 그 제안서를 낭독할 생각이었다. 하지만 5월에 쓰러진 후 상태가 심상치 않다는 것을 알아차렸기에 만일을 대비해 믿을 수 있는 친우에게 그 일을 부탁한 것이었다.

물론 싱을 비롯한 동료들은 그가 회복해 건강한 모습으로 직접 제안서를 낭독하기를 바랐다. 하지만 많은 사람들의 간절한 바람에도 불구하고 필즈는 수학자대회가 열리기 한 달 전인 1932년 8월에 눈을 감아 그 결과를 확인할 수 없었다.

1932년 취리히의 수학자대회에서 싱은 필즈의 바람대로 그의 제안서를 수학자들 앞에서 발표했다. 거기에는 그가 몇 년째 주장해 온 것, 즉 '수학에서의 뛰어난 업적을 위한 국제적인 상'을 만들자는 제안과 함께 메달 형태로 제작될 상의 디자인에 대한 제안, 상의 수상자를 결정할 절차, 상에 새겨질 문구 등에 대한 상세한 내용이 담겨 있었다. 그는 몇 년 전부터 동료 수학자들에게 이러한 상이 필요하다고 역설해 왔지만 그의 뜻과는 달리 이러한 상의 제정을 탐탁지 않게 생각하는 동료들이 있었다. 그들은 순수해야 하는 학문 연구에 상은 어울리지 않는다고 생각했다. 필즈는 1932년의 취리히 수학자 대회에서 그들을 마지막으로 설득하려 했지만 때 이른 그의 죽음은 이를 불가능하게 만들었다.

하지만 싱을 비롯해 필즈의 진정성을 존중하고 뜻을 같이하는 동료들이 있었다. 열띤 토론이 벌어졌고 반대하는 수학자들도 조금 남아 있긴 했지만, 대부분 필즈의 유언을 존중하고 세계적인 수학상 설립에 동의를 표했다. 그들은 새로운 상의 탄생을 위해 가장 큰 공을 세웠던 존 찰스 필즈의 이름을 이 상에 붙이기로 결의했다.

존 찰스 필즈와 필즈상

이렇게 해서 세상에 등장하게 된 것이 바로 '수학의 노벨상'이라고 불리는 필즈상이다. 하지만 노벨상에 비해 이 상의 인지도는 매우 낮다. 어쩌면 몇 년 전 '푸앵카레 문제'라는 100년의 난제를 해결한 그리고리 페렐만이라는 기인이 이 상을 거부하지 않았다면 (그래서 신문 등에서 화제가 되지 않았다면) 아직도 많은 사람들이 이 상의 이름을 듣지 못했을 것이다. 더군다나 이 상의 탄생에 결정적인 기여를 했으며 그 이름의 출처가 된 존 찰스 필즈라는 사람에 대해서 대중들이 알고 있는 것이라고는 거의 없다고 해도 과언이 아니다. 이는 어쩌면 앞에서 말했듯이 필즈 자신이 매우 위대한 수학자라고 부르기 어려운 인물이었기 때문일지도 모른다. 하지만 그것은 그가 남긴 업적이 전혀 없어서가 아니라(그는 40편에 가까운 논문을 발표했다), 그의 연구 방식이 조금은 낡은 것이었기 때문이 아닐까. 그는 자신이 배운 19세기 스타일로 수학을 연구했지만 이미 20세기의 수학은 큰 변화를 겪고 있었다. 어쩌면 필즈 스스로 이러한 사실을 알고 있었을지도 모른다. 하지만 필즈가 직접적인 기여는 거의 남기지 않았더라도 필즈상의 설립을 통해 20세기 수학 발전에 결정적인 기여를 했음은 틀림없다.

1863년 가죽 상인의 아들로 태어난 존 찰스 필즈는 우수한 모범생이긴 했지만 비교적 평범하게 성장했다. 그는 어릴 때부터 매력을 느낀 수학을 전공으로 택했으나, 당시 캐나다의 수학 교육이나 연구 수준은 매우 낮은 편이었다. 이는 프랑스나 독일과 같은 수학 선진국을 제외한 유럽 지역 대부분에 해당되는 이야기였다. 19세기 중반까지 유럽 대부분의 지역에서는 전통적인 방식대로 중세 이래의 방법론에 따라 유클리드의 『원론』을 교과서로 삼아 학생들을 가르쳤는데, 문화의 제도적인 기반이 비교적 얕은 신흥 국가라고 할 수 있는 캐나다에서는 그 정도가 더욱 심했다. 필즈는 학부생 시절 『원론』으로 수학을 배워야 했고, 학부 졸업 후 수학을 더 연구하기로 마음먹긴 했지만 캐나다 대학원 중 수학을 다루는 곳은 존재하지 않았다. 그래서 1884년 토론토 대학교를 졸업한 필즈는 미국으로 건너가 1887년 존스홉킨스 대학교에서 박사 학위를 받았다. 당시 수학의 중심지였던 유럽, 특히 독일에 비하면 미국의 수학 수준도 높다고 하긴 어려웠지만 존스홉킨스

존 찰스 필즈(1863~1932).

대학은 당시로서는 최선의 선택이었다.

　학위를 받은 뒤 몇 개의 대학을 옮겨 다니며 평범하게 강사와 교수 생활을 하던 그의 삶은 1891년 유럽으로 건너가면서 변화를 맞이한다. 그는 대학교에서 연구원 생활을 하며 혹은 자유롭게 청강을 하며 10년을 지냈다. 풍족한 편은 아니었지만 부모가 남긴 조그마한 유산을 가지고 검소하게 생활하면서 오랜 유럽 생활을 버틸 수 있었다고 한다. 이 10년 동안 그는 당대의 유명한 수학자들과 친분을 쌓을 수 있었다. 그는 당시 유럽의 수학과 물리학을 주도하던 괴팅겐 학파의 거두인 펠릭스 클라인 등을 비롯해 스웨덴의 유명한 수학자인 마그누스 괴스타 미타그 레플러와 평생을 가는 우정을 시작할 수 있었다. 필즈는 세계 수학을 선도하는 이들과의 교류를 통해 수학적 연구를 장려하는 것의 중요성에 대해 더 큰 믿음을 갖게 되었다.

펠릭스 클라인(1849~1925).

마그누스 괴스타 미타그 레플러
(1846~1927).

그는 1902년 캐나다로 돌아오자마자 수학 연구의 진흥을 위해 정열적으로 뛰어다녔다. 사실 수학자로서의 능력은 평범했다고 하더라도 수학 연구 지원을 위해 사람들을 설득하고 기금을 모집하고 조직을 운영하는 수학 행정가로서의 그의 열정과 능력은 매우 뛰어나다고 인정받을 만했다. 예를 들어 그는 토론토 대학교의 수학 연구를 위해 매년 7만 5천 달러의 연구비를 지원하도록 온타리오 주 정부를 설득했는데, 당시 교수들의 연봉이 천 달러 미만이었다는 걸 생각하면 이것이 얼마나 엄청난 규모의 지원이었는지 짐작할 수 있다(대략 현재 우리나라의 화폐가치로 따지면 수십억 원에 해당할 것이다). 그 외에도 그는 학문 진흥을 위한 위원회 및 재단의 설립과 운영에 적극적으로 참여했다. 이러한 과정을 통해 필즈는 점차 캐나다의 대학 개혁과 학문 진흥에 중심적인 인물이 되어 갔다.

앞서 말했듯 이러한 그의 노력에서 가장 중요한 것은 국제수학자대회의 유치였다. 이 행사는 필즈의 건강을 매우 악화시켰지만 책임감이 강했던 그는 쇠약한 상태에서도 거의 혼자서 수학자대회의 발표 자료집을 편집해서 출간했다. 그는 캐나다 대회가 끝난 뒤에도 위원회의 일원으로서 국제수학자대회에 계속 관여했는데, 1931년 위원회는 결산 결과 2,700달러가 남았다고 발표하면서 상을 제정하는 것이 어떻겠냐는 의견을 내놓았다. 이 아이디어를 열정적으로 받아들이고 적극적으로 홍보한 장본인이 바로 필즈였다. 그는 미국, 프랑스, 독일, 스위스, 이탈리아 등 각국의 수학 아카데미로부터 '뛰어난 수학적 발견에 주어질 국제적인 상'의 제정을 위한 재정적 지원을 약속받으며 기금을 모았다. 그는 애초의 소박한 아이디어를 계속 발전시켜 상에 대한 구체적인 계획을 만들어 갔다. 필즈는 무엇보다 진정 국제적인 상으로 만들기 위해서는 어떤 인물, 국적과도 연계되어서는 안 된다고 주장했다.

기금을 모으는 것보다 더 어려웠던 것은 동료 수학자들을 설득하는 일이었다. 대부분이 훌륭한 생각이라며 찬성했지만 오스왈드 베블렌 등 저명한 수학자들의 반대도 만만치 않았다. 베블렌은 저명한 사회과학자인 소스타인 베블렌의 조카로, 프린스턴 고등연구소의 설립을 주도했던 미국의 수학자였다. 그는 순수해야 할 수학 연구에 상을 주고 경쟁을 유도하는 것은 바람직하지 않다고 믿었다. 이러한 성향은 수학이라는 학문의 본질로 인해 수학자들이 공유하는 것일지도 모르겠다. 훗날 프랑스에서 과학자를 위한 국가적 상을 제정하려고

1930년대 초 프랑스의 젊은 수학자들이
수학의 통일을 시도하면서 조직한 단체 부르바키.

했을 때 수학자들로 이루어진 부르바키 집단이 집단적인 거부 운동
을 벌였던 것도 같은 맥락이었기 때문이다. 1932년의 수학자대회에서
도 이 상의 제정 여부를 두고 뜨거운 논쟁이 벌어질 예정이었다.

필즈는 1932년 8월 9일 심장마비로 사망하였다. 평생 독신으로 살
았던 필즈는 아주 조금의 재산을 동생과 가정부에게 남기고 재산의
대부분인 4만 5,071달러를 새로운 수학상 기금으로 내놓았다. 대회
를 한 달 앞두고 세상을 떠난 필즈가 마지막으로 전한 진심에 이의를
제기하기 힘들었던 것일까. 한 달 뒤 1932년 9월, 국제수학자대회는
필즈가 제안한 상의 설립을 의결하였다. 그러면서 어떤 인물, 국가와
도 상이 결부되어서는 안 된다는 필즈 본인의 바람과는 달리 이 상을
'필즈상'으로 부르기로 했다. 물론 그 외의 다른 사항에 대해서는 필
즈의 주장이 대부분 실현되었지만 말이다. 그리고 4년 뒤 1936년 핀

란드의 라르스 알포르스와 미국의 제시 더글러스가 최초로 상을 받으면서 필즈상의 역사가 시작된다.

♠ 1932년 취리히 국제수학자대회

1932년 열린 취리히 수학자대회에서는 필즈상 제정이 결의된 것 외에도 몇 가지 주목할 만한 사건들이 있었다. 우선 본회의에서 최초로 여성 수학자의 강연이 있었는데, 징본인은 대수학 분야에서 선구적인 업적을 쌓았던 에미 뇌터였다(두 번째 여성 수학자의 강연은 1990년에 와서야 이루어졌다). 그리고 수학자대회의 '횟수'를 세지 않기로 결정한 것도 이 대회에서였다. 1920년대의 많은 노력에도 불구하고 수학자 사회는 제1차 세계대전의 분열에서 완전히 회복되지 못하고 있었고, 1932년에 와서야 비로소 재궤도에 오를 수 있었다. 이때 연합국 중심으로 치러졌던 1920년과 1924년 대회를 정식 대회로 간주할 수 있느냐에 대한 논란이 새삼 불거졌고, 이러한 논란을 없애기 위해 번호를 붙여 대회를 구별하는 관행을 없애게 되었다.

이때 헤르만 바일은 수학자답게 다음과 같이 말했다. "개최된 국제수학자대회의 숫자에 상응하는 수 n에 대해서 우리는 부등식 $7 \leq n \leq 9$를 갖고 있습니다. 하지만 불행하게도 우리의 공리적 기초는 더 정확한 진술을 하기에 충분하지 않습니다."

🔲 수학 공동체의 탄생

도대체 국제수학자대회가 어떤 조직이기에 왜 필즈는 이 모임에서 '수학에서의 뛰어난 업적을 기리는 국제적인 상'을 만들려고 노력했을까? 필즈상이 가지는 위상과 의미를 알기 위해서는 잠깐이나마 수학의 역사를 훑어볼 필요가 있다.

먼저 수학의 역사는 오래되었지만, '학문으로서의 수학'의 역사는 상대적으로 짧다는 것에 유념해야 한다. 대학이 '수학과'를 만들고 '수학과 교수'를 뽑기 시작한 것은 유럽에서는 대체로 19세기에 들어선 후의 일이기 때문이다. 18세기 이전의 위대한 수학자들은 오늘날처럼 대학의 수학과에 속해서 전문적으로 수학 연구를 하며 봉급을 받던 사람들이 아니었다.

그렇다면 현대적인 학제가 탄생하기 전의 수학자들은 어떻게 살았을까? 이들은 대체로 수학만 전문적으로 연구하는 것이 아니라 국가나 관청에 소속되어 실용적으로 필요한 계산을 하면서 봉급을 받았다. 그래서 사회에서 보기에 이들은 수학 연구자보다는 물리학, 기계 제작, 천문학 등 다방면에서 필요한 수학적 도구들을 만들고 활용하는 기술자들에 가까웠다.

18세기 중반 유럽에서 쓰인 수학 논문의 3분의 1을 혼자서 썼다고 하는 오일러만 하더라도 러시아와 프러시아의 궁정이 고용한 수학자로서 생계를 유지했다. 그의 주된 임무는 왕실과 정부의 요구에 따라 실용적인 계산들을 수행하는 것이었다. 사실 오일러는 영국 해군이 주최한 한 공모에 당선되면서 유럽에 널리 알려졌다. 당시 영국 해군은 항해 중인 배가 경위도를 측정할 수 있도록 달의 위치 변화를 계산하는 쉽고 간단한 방법론을 공모했다. 이 시기에는 국가가 필요로 하는 수학적 지식의 양이 급격히 불어나고 있었고, 수학자들이 하는 일도 대부분 이 범주에서 크게 벗어나지 않았다.

수학의 왕자로 불리는 프리드리히 가우스의 경우 그가 가장 사랑한 것은 정수론으로 수의 성질을 다루는 순수수학이었지만, 그의 업적은 수학의 범위를 넘어서 역학, 광학, 천문학, 지질학 등 다방면에 걸쳐 있다. 그는 어릴 때부터 그의 재능을 알고 아껴 온 귀족의 후원을 받으며 공부와 연구를 계속할 수 있었다. 하지만 나폴레옹 전쟁으로 후원자 가문이 몰락한 뒤에는 한동안 천문대 소속으로 계산 업무를 하며 생계를 이어야 했다.

직업과 무관하게 수학을 취미 삼아 연구한 사례들도 있었다. 예를 들어 '페르마의 마지막 정리'로 유명한 피에르 드 페르마는 법학자로 여가 시간을 이용해 수학을 연구했고 메르센은 수도회 소속의 신부였다. 심지어 데카르트나 파스칼, 라이프니츠 같은 이들은 일정한 직업이 없었다. 그들은 전문적인 수학자라기보다는 광범위한 의미의 철학을 연구하는 사람들이었다. 이들이 탐구하던 주제에는 '자연철학'이 포함되었고, 수학은 자연철학의 일부로 자연을 탐구하는 도구였다.

그러나 이 모든 수학자들은 대학이라는 제도가 생기기 훨씬 이전부터 유럽 전역에 걸쳐 수학자 공동체를 형성하고 있었다. 이들은 편지들을 주고받거나 만나서 대화를 하고, 새로운 문제를 논의하고 해법을 문의하며 근대 수학의 혁신을 이루어 냈다. 파스칼은 도박사인 친구의 문의를 받고 페르마와 편지를 나누며 확률론을 탄생시켰다. 정해진 직업도 없이 외교관, 발명가, 문필가 역할을 하며 전 유럽을 돌아다녔던 라이프니츠의 연구 대부분은 동료 지식인들과의 편지 교환을 통해 이루어졌다. 변호사로 일하며 가장 위대한 아마추어 수학자가 되었던 페르마의 즐거움 중 하나는 자신이 증명한 문제를 (답은 가르쳐 주지 않으며) 동료 수학자들에게 "저는 풀었습니다(당신은 풀 수 있

파스칼(왼쪽), 페르마(오른쪽).
둘은 편지를 주고받으며 확률론을 탄생시켰다.

습니까?).”라고 알려서 괴롭히는 것이었다.

　누구보다도 잦은 편지 교류로 이러한 지적 공동체를 만드는 데 가장 큰 역할을 했던 것은 수도사였던 메르센이었다. 메르센은 데카르트의 동창생으로 수도사였지만 수학과 물리학에 관심과 열정을 갖고 있던 인물이었다. 그는 당대의 거의 모든 중요한 학자들과 서신 교환을 통해 유럽 학문의 발전상을 공유하는 센터 역할을 했다. 이렇게 형성된 수학자 사회는 각 나라의 아카데미를 중심으로 유럽의 지적 발전을 추동하는 원동력이 되었다. 물론 수학자라고 할 만한 사람들이 적었고 그중 저명한 지도적인 수학자들은 소수였기 때문에 가능한 것이기도 했다.

　19세기에 들어서면서 수학자 사회는 대학을 중심으로 재편되었다. 이 시기에 가우스가 괴팅겐 대학교의 교수로 부임했고 리만을 비롯해 그의 제자와 후계자들이 괴팅겐 대학교를 유럽의 물리학과 수학의 중심지로 만들었다. 이전에는 천재적인 수학자가 수학의 전 분야, 혹은 수학을 넘어서 물리학, 천문학 등 다양한 분야에 손댔던 것이 관행이었지만 이제는 수학의 각 분야들이 분화, 재통합되고 전문적인 연구가 발전하며 전체적인 형태를 갖추어 나갔다. 그리고 각 분야별 전문가들이 학회와 학회지를 중심으로 연구 성과를 발표하고 논의하는 현대적인 학문 제도가 갖추어졌다. 수학자들의 수도 크게 늘어났고, 무엇보다 실용적인 목적이나 물리학과 연관된 제약을 벗어나 순수수학이 크게 발전하기 시작했다. 이제 자연철학은 이전 시대의 폭넓은 교양의 일부로 인식되었다. 이 시기부터 전문적인 물리학과 수학은 전공자들만의 것으로 축소되기 시작했다.

앙리 푸앵카레가 전 세계적인 수학자들의 교류를 위한 장이 필요하다고 주장한 것은 수학의 발전이 너무나 눈부시게 가속화되어 수학의 전모를 파악하는 것이 어려워졌기 때문일 것이다. 푸앵카레가 '수학의 전 분야를 알았던 마지막 대수학자'로 불리는 것도 이유가 있다. 푸앵카레 세대에 와서는 한 명의 천재가 수학의 전 분야를 이해하는 것이 불가능해졌기 때문이다.

푸앵카레와 당대의 수학자들은 몇 년마다 한 번씩 전 세계의 수학자들이 모여 수학의 발전을 확인할 수 있는 모임이 필요하다고 생각했다. 전 유럽적인 공동체가 아닌 1차적으로 자신이 속한 대학과 나라의 수학적 동향에 따라 수학자들의 시야가 좁아질 위험이 생기고 있었기 때문이었다. 펠릭스 클라인의 제안에 따라 1897년 스위스의

앙리 푸앵카레(1854~1912).

취리히에서 최초의 국제수학자대회가 열렸다. 당시 취리히 공대는 저
명한 수학자들과 물리학자들이 모여드는 최고의 학교 중 하나였다(괴
팅겐 학파의 훌륭한 수학자와 물리학자들이 이 대학의 교수를 거쳤고, 아인슈타인
과 폰 노이만이 바로 이 취리히 공대 출신이다). 푸앵카레는 수학이 다시 물
리학과의 긴밀한 연계 속에서 성장하기를 희망하며 이 모임이 새로운
발전의 계기가 되기를 바랐다. 이것이 바로 국제수학자대회의 힘찬 출
발이었다.

♠ 제1회 국제수학자대회

괴팅겐 학파의 거두 중 한 명인 펠릭스 클라인은 1893년 미국 시카고에서 열린 세
계 박람회의 일환으로 개최된 국제 수학자 모임에서, 마르크스의 『공산당 선언』의
마지막 구절에서 따온 "전 세계의 수학자들이여, 단결하라!"라는 모토를 내걸며 국

제적인 수학자 회의의 정례화를 공식적으로 제안했다. 클라인 외에도 칸토르 등 여러 수학자들이 이미 1890년대에 이러한 모임의 필요성을 제기하기 시작했기에 이것은 시대적인 요구라고 할 수 있었다. 처음으로 열릴 국제수학자대회의 주관을 위해 클라인 외에도 이탈리아의 기하학자 루이기 크레모나, 러시아의 안드레이 마르코프, 스웨덴의 괴스타 미타그 레플러 등이 위원회를 구성하여 준비에 들어갔다. 1897년 취리히에서 열린 첫 번째 수학자대회에는 16개국에서 온 208명의 수학자들이 참여했고, 푸앵카레가 개회 연설을 했다.

수학의 현재와 미래를 묻는 국제수학자대회

제2회 국제수학자대회는 3년 뒤인 1900년 프랑스 파리에서 열렸다. 이 모임에서 괴팅겐 학파의 수장이자 푸앵카레와 더불어 당대 최고의 지도적인 수학자 중 하나였던 다비트 힐베르트는 1900년 열린 이 회의에서 20세기 수학의 나갈 방향을 제시하고자 했다. 20세기의 시작은 1901년부터였지만 말이다. 아무튼 그가 제시한 것이 바로 유명한 힐베르트의 23문제였다(원래 24문제를 생각했지만, 마지막 문제는 고민 끝에 포기했다는 것이 2000년에 밝혀졌다). 그는 물리학과 수학의 밀접한 교류에 대한 푸앵카레의 제안에 대해서 유보적인 태도를 취하며 동료인 민코프스키에게 이렇게 물었다. "내가 새로운 세기의 수학의 가능한 방향, 그러니까 미래에의 전망을 지적해도 좋을까?" 민코프스키는 열광적으로 환영했고, 이에 자신감을 가진 힐베르트는 청중들에게 이렇게 물었다. "미래를 가리고 있는 베일을 들어 올려 우리 학문의 진보와 다가올 세기에 이루어질 발전의 비밀을 보고 싶지 않은 사람이 누가 있겠는가?"

힐베르트가 제기한 23문제는 19세기 수학의 난제들이면서도 수학의 전 분야는 물론 다른 학문 분야에도 영향력이 큰 것들이었다. 수학자들은 수학적인 질문이 얼마나 중요한 문제인지 아닌지를 직관적으로 이해한다. 어떤 문제들은 사소해 보이지만 매우 큰 영향력을 가지는 것으로 밝혀지는 반면, 흥미롭게 보였던 문제들이 사소하고 무의미한 것으로 판명되기도 하기 때문이다. 그래서 힐베르트와 같은 주요 수학자들이 내리는 판단은 매우 중요하다.

문제 해결에 한 가지 방식만 있는 것은 아니다. 때로는 긍정적인 방식으로 주장이 입증되기도 하지만 때로는 반례를 찾거나 질문 자체가 잘못되었다는 것을 깨닫게 되기도 한다. 또한 그 문제를 해결하려는 과정에서 시도된 부수적인 결과들이 수학의 발전에 결정적인 역할을 할 수도 있다. 그렇기 때문에 답이 존재하는지 아닌지는 모르지만, 우리가 이 문제들을 해결하는 데 집중한다면 19세기의 수학을 넘어서 20세기에 걸맞은 새로운 도약과 발전을 이룰 수 있을 것이라고 힐베르트는 말하고 싶었던 것이다.

묘비명에 "우리는 알아야만 한다. 알게 될 것이다."라고 쓸 정도로 힐베르트는 인간의 이성에 대한 무한한 신뢰를 갖고 있던 사람이었다. 그는 스스로가 수학자 사회에 던진 23개의 문제가 20세기에 해결되어 인간 이성의 영원한 금자탑이 되기를 바랐다.

한 세기 이상이 지난 지금의 눈으로 볼 때 모든 문제를 해결하고 싶다는 그의 바람이 모두 이루어진 것은 아니지만, 힐베르트 문제는 결국 20세기 수학의 발전을 보여 주는 지표가 되어 주었다. 일부는 지나치게 애매한 질문이라는 것이 밝혀지기도 했고, 어떤 문제는 잘못 던져졌다는 것이 밝혀지기도 했지만, '진정한' 힐베르트 문제라고 불리는 10문제는 대부분 해결되면서 현대 수학(특히 20세기 전반)의 발전을 이끌었다.

수학자들이 국제수학자대회를 통해 함께 집중적으로 노력해야 할 수학 과제를 동료들에게 제시하는 일은 이후에도 계속되었다. 1912년 영국 케임브리지에서 열린 수학자대회에서 에드문트 란다우는 정수론 분야에서 '현재로서는 난공불락'인 네 문제를 특별히 언급했는데, 이것은 힐베르트 문제처럼 '란다우 문제'로 불린다. 2000년 수학자대회 당시 의장이었던 블라디미르 아놀드는 1900년의 힐베르트 목록을 기념하며 21세기에 걸맞은 새로운 과제의 목록을 만들고 싶었다. 그래서 그는 필즈상 수상자였던 스티븐 스메일에게 그 일을 부탁했는데, 스메일은 18문제를 21세기의 과제로 제시했고 이것은 '스메일 목록'으로 불린다.

수학자대회는 이렇듯 수학의 현재를 진단하고 미래(의 과제)를 제시하는 장으로 존재해 왔고, 앞으로도 계속 그럴 것이다. 국제수학자대회의 발전과 더불어 수학자들의 세계적인 조직인 국제수학자연맹(International Mathematical Union, IMU)이 만들어졌고 이 조직은 국제수학자대회를 비롯한 수학 연구를 후원하며 세계적인 행사를 치르는 주체로 자리 잡았다. 필즈가 이 국제수학자대회와 함께 4년마다한 번씩 주요한 수학적 연구를 기념하며 앞으로의 성취를 장려하는

마드리드에서 열린 2006년 수학자대회.

세계적인 수학상이 만들어지기를 바란 것은 이런 배경 속에서였다.
비록 1919년 최초로 창설된 수학자연맹은 1936년 해체되긴 했지만,
1951년 재창설되면서 현재까지 역사가 이어지고 있다.

> ♠ **국제수학자연맹**
>
> 국제수학자연맹은 65개 회원국의 대표로 이루어져 있다. 국제수학자대회를 후원
> 하고 이 대회에서 시상하는 필즈상, 네반린나상, 가우스상 등의 수상자 선정을 주
> 관하는 등 세계 수학 발전을 위한 협의체 역할을 하고 있다. 특이한 것은 연맹이 회
> 원국들을 다섯 등급으로 나누어 분류한다는 것인데 수학 연구의 선도국에 해당하
> 는 제5그룹에는 캐나다, 중국, 프랑스, 독일, 이스라엘, 이탈리아, 일본, 러시아, 영
> 국, 미국의 10개국이 속해 있다. 한국은 비교적 하위 그룹인 제2그룹에 속해 있다가
> 2007년 제4그룹으로 전격 상향 조정되는 기쁨을 누렸다. 제4그룹에는 한국과 더
> 불어 브라질, 인도, 네덜란드, 폴란드, 스페인, 스웨덴, 스위스가 속해 있다.

앞서서 오스왈드 베블렌과 같은 지도적인 수학자들이 필즈상 제정에 반대했다는 이야기를 잠깐 언급했다. 그들은 수학의 성취란 발견 그 자체이며 금품이나 기념품을 제공하는 것은 순수한 기쁨과 보람을 훼손한다고 생각했다. 이러한 생각은 단순히 반대만을 위한 반대는 아니었다. 근대 이전의 수학사를 잠깐만 살펴보면 이를 알 수 있다.

수학자들이 도시나 궁정, 혹은 행정관청에 소속된 채로 업무에 종사하던 17~18세기의 뛰어난 수학자는 결국 (권력을 갖고 있던 사람들에게는) 수로나 효율적인 기계, 뛰어난 성능의 무기 등을 설계하고 발명하는 기술자에 지나지 않았다. 그래서 권력자들은 뛰어난 수학자들을 거느리고 있다는 사실에 자부심을 가졌고, 때로는 초빙 경쟁을 벌이기도 했다. 이런 와중에 생겨난 것이 상의 난립이었다. 얼마나 뛰어난 수학자를 데리고 있느냐가 국가의 위신과 왕의 권위를 자랑하는 척도가 되었고, 이를 과시하기 위해 경쟁적으로 상을 만들었던 것이다. 한편 각국의 학문 진흥을 위해 세워진 학술원은 각종 논문이나 해법을 공모하여 당선자들에게 시상하는 제도도 갖고 있었다. 이런 경우에는 단순히 명예뿐만 아니라 두둑한 상금도 함께 주어졌기에 수학자들이 경쟁적으로 문제 풀이에 매달리기도 했다.

자본주의의 자유 경쟁에 대한 찬미는 종종 경쟁을 미화시키는 경향이 있다. 사실 경쟁은 사람을 추하거나 비열하게 만들 뿐만 아니라,

협력을 통해서만 가능한 지적인 성과를 불가능하게 만들기도 한다. 수학사만 들여다 보아도 경쟁과 협력의 복잡한 관계가 드러난다. 3차 방정식 해법을 둘러싸고 카르다노가 벌인 논쟁, 미적분의 발명자를 놓고 뉴턴과 라이프니츠가 벌인 논쟁 등은 자존심과 명예를 위해 스스로의 위신을 추락시키는 등 어처구니없는 지경까지 이르기도 했다(예를 들어 영국 왕립학술원은 권위를 이용해 뉴턴이 미적분의 발명자라고 선언했는데, 학술원의 대표가 바로 뉴턴이었다. 그리고 라이프니츠도 자신의 권위를 위해 자료를 위조했다). 게다가 상금을 타기 위한 경쟁이 벌어질 때 수학자들은 자신의 비밀이 경쟁자에게 넘어가지 않도록 조심하게 되었다. 이런 환경 속에서는 수학적 공동체의 학술 교류가 예전처럼 자유롭게 이루어지는 것은 공허한 이상이 되기 쉬웠다.

상이 난무하다 보니 상의 권위가 떨어진 것은 말할 나위가 없다. 심지어 상의 권위를 위해 '단 한 번만 시상이 이루어지는 상'도 만들어졌다. 스웨덴 국왕이 자신의 60세 생일을 기념하기 위해 당시 가장 유명한 수학 문제 중 하나였던 '3체 문제'를 해결하는 사람에게 포상한다고 했을 때, 그 상은 애초부터 1회로 끝날 운명이었다(해결은 하지 못했지만, 이 상은 문제 해결에 가장 결정적인 기여를 한 앙리 푸앵카레에게 돌아갔다). 이와는 조금 성격이 다르지만 볼프스켈상과 같은 특이한 상도 있었다. 그 스스로 도전했지만 결국 해법을 찾는 데 실패한 사업가이자 아마추어 수학자 볼프스켈이 시한을 두고 페르마의 마지막 정리를 푸는 사람에게 상당한 재산을 주는 유언을 남기면서 만들어진 상이었다. 결국 영국의 앤드루 와일즈가 페르마의 마지막 정리를 증명함으로써 이 상을 받았다.

역사가 이렇다 보니 특히 시상 제도에 대한 비판적인 태도를 가진 수학자들이 많았다. "새로운 진리의 발견은 위대한 즐거움이다. 인정받는 것은 그 즐거움을 더하지 않는다."라는 프란츠 노이만의 말처럼 말이다. 특히 행정 권력으로부터 독립해 순수수학이 제도적으로 발전한 것이 19세기였다는 것을 생각하면, 20세기 초의 수학자들이 '상을 수여하면서 수학을 장려한다'라는 아이디어에 대해 본능적으로 반감을 갖는 것은 이상하지 않다. 당시 수학자들이 수학이 실용과 무관하게 순수하고 추상적인 아름다움을 느끼게 해 주는 미적 대상임을 강조하는 경향이 있었던 것도 아마 이와 무관하지 않을 것이다.

♠ 국가와 과학 시상 제도

과학 역시 인간 복지에 기여하는 것이며, 더군다나 많은 인력과 자원이 투자되는 선택이라고 한다면 공동체로서는 어떤 분야를 장려하고 도태시킬 것인지 선택할 수 있어야 하지 않을까. 하지만 과학 연구가 자유로운 진리의 탐구라고 한다면 과학자가 외부의 영향에 압력을 받아서는 안 될 것이다. 과학에 대한 시상 제도는 연구 업적을 인정받고 연구비를 받을 수 있는 좋은 제도지만, 장기적으로 과학에 긍정적인 영향을 준다고만 볼 수는 없다.

그래서 과학에 대한 포상은 항상 논란을 빚어 왔다. 국가가 '돈이 되는' 분야에 포상을 집중하려 하고, 과학자들 역시 상이 수여되는 분야의 연구를 선호한다면 과학 연구 자체가 기형적으로 될 위험이 있기 때문이다. 미국 국립과학재단이 생길 당시 몇 년간의 논란과 연구 끝에 정치적 외압으로부터 자유롭게 '과학자들의 자율적인 판단'에 의해 포상과 지원을 할 수 있도록 규정을 만든 것은 이러한 고민의 일단을 잘 보여 주고 있다.

국가나 단체에 의해서 상을 받는 업적은 훌륭한 것이라고 생각할 수 있지만, 포상 제도란 사실 여러 가지 고려에 의해서 운영되는 정치적인 제도라는 것을 생각해 볼 수 있겠다. 특히 단기간에 성과를 내기 위해 포상 제도가 활용되는 곳이라면 장기간의 기초과학 연구가 자칫 간과되거나 무시되는 일이 생길 수 있기 때문이다.

필즈상의 규정과 특징

필즈상은 수학자들이 스스로 뽑는 상으로, 이전 세대의 뛰어난 수학자들이 '후배 세대'의 수학자들을 격려하기 위한 상이라는 점에서 그 가치가 남다르다고 할 수 있겠다. 필즈는 새로운 수학의 국제적인 상을 위해 두 가지 근본적인 원칙을 내세웠다. (1)어렵고 중요한 문제를 해결하거나, (2)수학의 응용 영역을 포함해 중요한 새로운 이론을 제시한 사람에게 상을 주기로 말이다. 여기에 덧붙인 것이 '앞으로의 연구를 장려하기 위하여' 40세 미만의 젊은 수학자들에게만 상을 주자는 제안이었다.

이 40세 미만이라는 제한은 처음에는 명시적이지 않았지만 뒤에 혼란을 피하기 위해 명문의 규정이 마련되었다. 필즈상이 수여되는 그해의 1월 1일을 기준으로 만 40세가 넘지 않아야 한다. 그러므로 엄밀히 말하자면 수상 당시에는 40세가 넘는 일이 있을 수는 있겠다 (아직까진 없었지만). 사실 수학자들이 중요한 업적을 내놓는 것은 40세 이전인 경우가 많다. 버트런드 러셀이 농담처럼 "머리가 가장 잘 돌아갈 때는 수학을 했고, 수학을 하지 못하게 되자 철학을 했으며, 철학도 하기 어려워지자 정치를 하게 되었다."라고 한 적이 있는 것처럼, 젊은 시절에 창조적이고 생산적인 작업이 가능한 분야가 수학이기도 하다(물론 원숙한 통찰력에서 비롯되는 노수학자들의 기여를 폄하하거나 부정하는 것은 아니다). 그러니 필즈상 수상자의 나이를 40세 이전으로 한정한 것은 납득할 만한 것이기는 하다.

문제는 수학의 새로운 업적이 평가받기 위해서는 시간이 필요하다는 것이다. 현대의 학문은 동료들의 심사(peer review)를 학문적 가치를 판단하는 척도로 삼고 있다. 만일 대담하면서도 새로운, 그리고 창조적인 아이디어를 발표하거나 매우 방대하면서도 정교하고 난해한 증명을 논문으로 발표했을 때 이것이 논리적으로 문제없는지, 과연 새로운 제안이 수학적으로 타당한 것인지 등을 판단하기 위해 동료들이 이해하고 검토할 시간이 필요하다는 뜻이다.

수학 분야에서 논문을 심사하고 잡지에 게재, 발표하기까지 1~2년 정도가 걸리는 일은 매우 흔하다. 그러므로 40세 이전에 훌륭한 성과를 내더라도 이 기간에 시간이 흘러가는 일이 생기기도 한다. 꼭 이런 사례는 아니지만 안타깝게 상을 받지 못한 인물이 페르마의 마지막 정리를 증명한 앤드루 와일즈이다. 그는 200쪽이 넘는 방대한 분량에 걸쳐 이론을 증명했지만 약간 모호한 부분이 있다고 지적받았고, 그 것을 수정하는 동안 40세가 넘어 버려 대상자가 되지 못했다. 그래서 수학자대회는 필즈 특별상을 만들어 그의 위대한 업적을 기리는 동시에 필즈상을 놓친 안타까움을 달래 주었다.

아무튼 나이에 관한 규정을 제외한다면 난제의 해결과 중요한 새로운 이론의 제시라는 기준은 포괄적이고 애매하다. 대부분 수학자들이 중요하다고 동의하는 일반적인 업적들이 높이 평가받는데, 수학 연구 분야의 흐름이 변화함에 따라 필즈상을 주로 받는 분야들이 달라지기도 한다. 최근에는 물리학과의 관련성이 더욱 강화되는 추세이긴 하지만, 그래도 응용수학보다는 순수수학의 분야가 더 선호되는 경향이 있다. 또한 중요한 추측을 제시한 사람보다는 중요한 문제를 해결하거나 새로운 정리를 제시하고 입증한 사람들이 대부분 상을 받았다. 이 기준은 비교적 엄격하게 지켜졌지만 수학 연구의 동향이 변화하면서 예외적인 시상자들이 나타나기도 했다. 한 수학자는 "필즈상을 받으려면 중요한 정리를 제시하고 증명해야 한다. 그런데 서스턴은 처음으로 '증명'하지 않고도 필즈상을 받을 수 있다는 사실을 보여 줬고, 위튼은 처음으로 어떤 '정리'를 제시하지 않고도 필즈상을 받을 수 있다는 사실을 입증했다."라고 농담하듯 말했다. 서스턴과 위튼의 업적에 대해서는 뒤에서 살펴볼 기회가 있을 것이다.

사실 자세히 살펴보면 필즈상은 재미있는 모순 덩어리이기도 하다. 필즈는 상이 특정 인물이나 국가와 연결되면 안 된다고 제안했지만 사람들은 상에 필즈의 이름을 붙였고, 메달에 아르키메데스의 흉상을 새겨 놓았다. 필즈 자신도 이 상을 만든 사람이 캐나다 인이라는 자부심을 갖고 싶었기에 메달의 도안을 캐나다 조각가 맥켄지에게 맡길 것을 제안했고, 메달에 새겨 넣을 문구는 자신의 친구인 캐나다 고전문헌 학자에게 부탁했다.

전면의 아르키메데스 흉상 주위에는 라틴어로 'TRANSIRE

필즈 메달 앞면.

필즈 메달 뒷면.

SUUM PECTUS MUNDOQUE POTIRI'라는 문구가 쓰여 있는데 이것은 '스스로를 극복하고 세계를 움켜쥐라'라는 뜻이다. 뒷면에는 'CONGREGATI EX TOTO ORBE MATHEMATICI OB SCRIPTA INSIGNIA TRIBUERE'라는 라틴어 문구가 쓰여 있는데, '세계로부터 모인 수학자들이 뛰어난 업적에 대해 이 상을 드린다'라는 정도로 해석이 가능하다. 뒷면에는 아르키메데스의 무덤 형상이 새겨져 있고 구와 원뿔에 대한 아르키메데스의 정리가 조각되어 있다. 수상자의 이름은 메달의 옆면에 새겨진다.

필즈상은 1936년에 최초의 수상자를 낸 뒤에 국제수학자대회 자체가 열리지 않는 바람에 1950년에야 제2회 수상자가 나왔다. 그러므로 자동적으로 자연스럽게 1900년에서 1910년 사이에 태어난 위대한 수학자들은 필즈상을 탈 기회조차 박탈되었다는 걸 알 수 있다. 한편 1936년부터 1962년 대회까지는 엄격하게 2명씩의 수상자가 선정되었지만 1966년부터는 규정을 바꾸어 2~4명 안에서 선택할 수 있도록 되어 있다. 상금은 미화 1만 3,400달러로 그리 크지 않은 편이다.

필즈상 외의 다른 상들

필즈상에 대한 이야기에서 늘 빼놓지 않고 화제가 되는 것은 노벨상과의 관계이다. 노벨상은 학문적 업적에 대해서는 최고의 권위를 지니고 있다고 할 수 있다. 노벨상은 다이너마이트의 발명자인 알프레드 노벨이 평생 모은 재산을 기금으로 내놓아 인류를 위해 공헌한 학자들의 업적을 기념하도록 한 유언에서 비롯된 상이다. 노벨은 문학, 물리학, 생리학, 화학, 평화 부문의 상을 제정할 것을 언급했다. 경제학상은 1969년 스웨덴 중앙은행이 추가적으로 만든 상이다. 그래서 정식 명칭도 '알프레드 노벨을 기리는 경제과학 분야의 스웨덴 중앙은행상'이지 엄밀하게 노벨상이라고 할 수는 없다. 아무튼 노벨상에 대한 한 가지 궁금증은 이것이다. 왜 수학 부문에 대한 상이 없을까?

뒷담화를 좋아하는 사람들은 재미있는 추측을 내놓았다. 노벨은 당대의 위대한 수학자 미타그 레플러와 한 여인을 두고 연적 관계에 있었기 때문에 그에 대한 질투심과 앙심으로 수학상을 만들지 않았다는 것이다. 미타그 레플러는 앞에서 언급했듯 훗날 필즈와 친분을 쌓은 바로 그 사람이기도 하다. 여러 사람들이 진위를 추적한 결과 '신빙성이 없다'는 결론을 내렸다. 둘이 연적 관계였다는 근거가 전혀 없기 때문이었다.

가장 그럴듯한 추측은 노벨이 사실 이론을 연구하는 학자가 아닌 실험가 출신의 엔지니어였다는 데서 이유를 찾는다. 노벨은 인류에 대한 '구체적이고 실질적인 공헌'을 기념하고 싶었기 때문에 추상적이고 관념적인 수학 연구는 처음부터 고려 대상이 아니었을 거라는 이야기다.

사실 노벨상은 이 점에서 꽤나 엄격한 기준을 적용한다. 20세기의 가장 위대한 과학자라는 아인슈타인은 상대성이론으로 노벨상을 받은 것이 아니었다(아직도 꽤 많은 사람들이 잘못 알고 있지만). 시공간의 본성과 중력, 질량, 빛의 속도 등의 관계를 다루는 이 물리학적 이론이 사람들의 세계관을 근본적으로 뒤흔든 것은 분명했다. 하지만 노벨상 위원회는 이 이론이 어떤 식으로 인류에게 공헌할지 알 수 없었다. 그래서 광전효과에 대한 논문을 근거로 아인슈타인에게 노벨상을 수여하기로 결정했다. 광전효과는 금속에 빛을 쪼이면 전자가 튀어나오는 현상에 대한 이론이기 때문에 무궁무진한 응용이 가능했다.

노벨상을 받지 못한다고 해서 수학이 중요한 학문이 아니라고 할 수는 없다. 그렇기 때문에 필즈상 외에도 수학자들에게 주어지는 중요한 상들이 많다. 상당수는 필즈상 수상자들이 중복해서 받기도 한다. 잠깐 살펴보도록 하자.

울프상(Wolf Prize) • 독일계 발명가이자 이스라엘의 주 쿠바 대사를 지낸 바 있는 리카르도 울프 박사는 이스라엘에 울프 재단을 설립하고 인종, 피부색, 종교,

성별, 정치적 시각과 관계없이 인류의 이익과 우호 관계 증진에 기여한 사람들 중, 살아 있는 과학자와 예술가들에게 매년 상을 수여하도록 했다. 1978년부터 매년 수상자를 배출하는 울프상은 농학, 화학, 수학, 의학, 물리학, 예술 부문의 여섯 분야에서 수상자를 선정한다. 다만 예술 분야는 건축, 음악, 미술, 조각 분야를 돌아가며 수여하는데, 상장과 함께 미화 10만 달러의 상금이 주어진다. 물리학과 화학 분야에서 울프상은 노벨상 다음으로 명성이 있으며, 의학 분야에서는 노벨상과 라스커상 다음으로, 즉 세 번째로 평가받는다. 수학 분야에서는 노벨상이 없으므로 필즈상 다음으로 유명하다고 할 수 있다. 울프상은 특정한 업적이 아니라 생애의 업적 전체를 고려해 수여한다. 제1회 수상자인 라르스 알포르스를 비롯해 고다이라 쿠니히코, 아틀레 셀베르그, 라르스 회르만데르, 존 톰슨, 장 피에르 세르, 세르게이 노비코프, 스티븐 스메일, 피에르 들리뉴, 데이비드 멈포드 등 다수의 필즈상 수상자들이 울프상을 받았다.

아벨상(Abel Prize) • 노르웨이 왕실이 수학자 헨리크 아벨을 기념하기 위해 제정한 아벨상은 2003년에 만들어진 비교적 새로운 상이다. 수학 분야의 가장 대표적인 필즈상이 갖고 있는 한계를 넘어서고자 만들어진 상이라고 할 수 있다. 필즈상의 40세 나이 제한을 넘어서 연령과 상관없이 가장 큰 공헌을 한 수학자를 칭송하는 동시에, 상금이 노벨상의 100분의 1정도인 필즈상과는 달리 큰 규모의 상을 만들자는 의도에서 아벨상은 시작되었다. 역설적인 것은 헨리크 아벨이 가난으로 인한 굶주림과 폐렴 때문에 죽은 수학자라는 것이다. 아무튼 거의 100만 달러 정도의 커다란 상금이 주어지고 매년 시상된다는 점에서 현재 실질적으로 노벨상과 겨룰 수 있는 상이기도 하다. 2008년까지 여덟 명의 수상자를 배출했는데, 그중 세 명은 필즈상 수상자 출신이었다. 제1회 아벨상 수상자인 장 피에르 세르를 비롯해 마이클 아티야, 존 톰슨이 바로 그들이다.

크라포드상(Crafoord Prize) • 스웨덴의 기업가 홀거 크라포드가 1980년 제정했다. '노벨상에서 소외당한 과학 분야'를 기리기 위해 시상하는 상으로 스웨덴 왕립 과학아카데미가 운영하고 있다. 1982년부터 수상자를 배출했는데 수학, 지구과

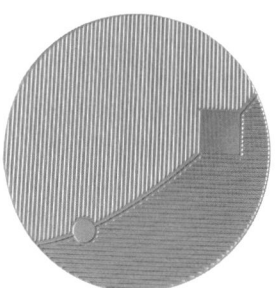

가우스 메달 앞면.　　　　　　　　가우스 메달 뒷면.

네반린나 메달 앞면.　　　　　　　네반린나 메달 뒷면.

학, 생물학, 천문학 분야를 번갈아가며 시상하다 의학 분야를 추가했다. 수학 분야
에서는 지금까지 아홉 명의 수상자를 배출했으며 그중 일곱 명이 필즈상 수상자 출
신이다. 이름을 거론하자면 피에르 들리뉴, 알렉상드르 그로텐디크, 사이먼 도널드
슨, 야우 싱 퉁, 알랭 콘느, 막심 콘체비치, 에드워드 위튼이 그들인데, 이 중 그로텐
디크는 1988년 크라포드상 수상을 거부해 파문을 일으켰다.

가우스상(Gauss Prize) • 국제수학자연맹이 2006년부터 시상하기 시작한 상
으로 수학 분야를 벗어나 큰 기여를 한 수학 연구에 대해 주는 상이다. 대부분의 수
학상들이 순수한 연구에 대해 시상하는 것에 비해 응용수학의 성과를 기념하려는

상이라고 볼 수 있다. 이 상 역시 국제수학자대회를 통해 4년마다 시상된다. 상금은 필즈상과 비슷한 규모이다.

네반린나상(Nevanlinna prize) ● 핀란드의 수학자 롤프 네반린나를 기리기 위하여 핀란드 정부가 제정한 상이다. 정보과학 등의 수학 관련 학문 분야에 업적이 있는 사람에게 수여된다. 1983년 폴란드에서 개최된 국제수학자대회에서 제1회 시상식이 있었으며, 그 이후 필즈상과 같은 날에 수여된다. 흥미로운 것은 네반린나가 제1회 필즈상 수상자인 라르스 알포르스의 스승이었다는 것이다.

오스왈드 베블렌 상(Oswald Veblen Prize) ● 오스왈드 베블렌을 기리기 위해 1960년 그가 사망하자 이듬해인 1961년 미국 수학회에서 만든 상이다. 상금은 현재 약 5,000달러 정도이다. 기하학과 위상수학 분야에서의 뛰어난 연구 업적을 시상하며 3년에 한 번씩 수여된다. 제1회 수상자인 크리스토스 파파키리아코풀로스는 푸앵카레 추측에 몰두한 수학자로 그를 모델로 삼은 소설이 유명한 『골트바흐의 추측』이다. 이 상을 받은 사람들 중에는 스티븐 스메일, 윌리엄 서스턴, 야우 싱 퉁, 마이클 프리드먼 등 필즈상 수상자들이 다수 포함되어 있다.

수상자 주요 업적

필즈상 위원회가 공식적으로 언급한 공헌을 중심으로 정리해 놓았다. 구체적인 업적과 인물, 흥미로운 일화에 대해서는 다음 장에서 자세하게 (그리고 쉽게) 살펴보게 될 것이다. 그러므로 아래서 언급된 업적들이 이해가 가지 않는다고 하더라도 좌절할 필요는 전혀 없다!

1936년 ▶ 라르스 알포르스

전해석 함수와 유리형 함수의 리만곡면에 관련된 덮개공간의 연구로 수상. 해석학의 새 분야를 개척.

제시 더글러스

고정된 경계로 결정되는 극소곡면을 구하는 데 관한 플라토 문제(Plateau's problem: 흔히 '비누 막 문제'라는 별명으로 알려져 있다)에서 중요한 업적을 세움.

1950년 ▶ 로랑 슈워츠

초함수 이론을 전개. 초함수란 이론물리학의 디랙 델타 함수(Dirac's delta function)를 동기로 하여 얻어진 일반화된 새로운 함수의 개념.

아틀레 셀베르그

비고 브륀(Viggo Brun)의 체(sieve) 방법을 일반화. 리만 제타 함수의 영점에 관한 주요 결과. 에르되시(Erdös)와 함께 소수 정리의 초등적 증명을 하고, 임의의 등차급수에 들어 있는 소수들의 경우로 일반화.

1954년 ▶ 고다이라 쿠니히코

조화적분론에서 주요 결과를 얻어 켈러(Kähler) 다양체. 더 구체적으로 대수 다양체에 응용. 그는 층코호몰로지(Sheaf Cohomology)를 써서 이와 같은 다양체가 호지(Hodge) 다양체임을 보임.

장 피에르 세르

구면의 호모토피 군에 관하여 주요한 결과를 특히 스펙트럴 수열의 방법을 써서 얻음. 층을 써서 복소변수 이론의 주된 결과를 확장.

1958년 ▶ 클라우스 로스

1955년 대수적 수를 유리수로 근사시키는 데 관한 투에(Thue)─지겔(Siegel) 문제를 해결. 1952년에 에르되시와 투란(Turán)의 1935년 가설을 증명.

르네 통

1954년 대수적 위상수학의 코보디즘(Cobordism) 이론을 발견. 다양체의 이에 의한 분류는 호모토피(Homotopy) 이론을 기본적인 방법으로 사용한 것이며, 일반 코호몰로지 이론의 중요한 예가 되었음.

1962년 ▶ 라르스 회르만데르

편미분방정식의 연구, 특히 선형미분 작용소의 일반적인 이론에 공헌. 이 문제들은 1900년의 힐베르트 문제 중 하나로 거슬러 올라감.

존 밀노어

7차원 구면이 여러 개의 미분 구조를 가질 수 있음을 보임. 이것으로써 미분 위상수학 분야가 탄생함.

1966년 ▶ 마이클 아티야

K 이론에서 히르체브루크(Hirzebruch)와의 공동 연구. 싱어(Singer)와 함께 복소 다양체에 관한 타원작용소의 지표 정리 증명. 보트(Bott)와 협력하여 레프셰츠 공식(Lefshetz formula)에 관련된 고정점 정리를 증명.

폴 코엔

강제법(forcing)이라는 방법을 써서 집합론에서의 선택공리와 일반 연속체 가설의 독립성을 증명. 후자는 1900년 국제수학자회의에서 발표된 힐베르트 문제 1번 해결.

알렉상드르 그로텐디크

베유와 자리스키의 업적을 활용해 대수기하학의 기초적 발전에 크게 공헌. K 이론에서 그로텐디크 군(Grothendieck group)과 환(ring)의 발견. 유명한 「토호쿠 논문」 (일본 토호쿠 대학 수학과에서 발행하는 「토호쿠 대학 수학잡지(東北大学数学雜誌)」에 실린 논문)으로 호몰로지 대수학을 혁신.

스티븐 스메일
미분 위상수학 분야에서 5차원 이상일 때의 푸앵카레 추측을 증명. 즉, $n \geq 5$ 일 때 모든 닫힌 n차원 다양체가 n차원 구면과 호모토피 동형이면 사실은 n차원 구면과 위상동형임을 증명. 이 문제 및 관련된 문제를 푸는 데 파수체의 방법 (method of handle-bodies)을 도입.

1970년 ▶ 앨런 베이커
힐베르트 문제 7번의 해인 겔폰드-슈나이더(Gelfond-Schneider) 정리를 일반화. 이를 써서 전에 모르던 초함수들을 생성해 냄.

히로나카 헤이스케
대수 다양체의 특이점 해소에 관한 자리스키 정리를 임의 차원으로 확장.

세르게이 노비코프
미분 가능 다양체의 폰트랴긴 류의 위상 불변성을 증명. 톰(Thom) 공간의 코호몰로지와 호모토피의 연구를 포함.

존 톰슨
파이트와 함께 모든 비순환 유한단순군의 위수는 짝수임을 증명. 이것을 다시 확장하여 모든 극소 유한단순군, 즉 진부분군들이 가해인 유한단순군을 결정함.

1974년 ▶ 엔리코 봄비에리
소수의 분포, 국소 비버바흐(Bieberbach) 추측, 편미분방정식과 극소곡면 등에 공헌.

데이비드 멈포드
모듈라이(Moduli)의 다양체, 즉 그 점들이 어떤 종류의 기하학적 대상의 동형류의 파라미터를 주는 것의 존재와 구조의 문제. 대수곡면의 이론에 중요한 공헌.

피에르 들리뉴

리만 가설을 유한체로 일반화하는 데 관한 세 가지 베유 추측을 해결. 그의 업적은 대수기하학과 대수적 정수론을 통합하게 함.

찰스 페퍼만

고전적인 저차원 결과들을 바르게 일반화함으로써 저차원 복소해석의 연구를 개량.

그리고리 마르굴리스

리군(Lie group)의 구조 분석에 공헌. 그의 업적은 조합론, 미분기하, 에르고딕 이론(Ergodic theory), 동역학계(Dynamical system), 리군론 등에 속함.

대니얼 퀼렌

고차원 대수적 K 이론의 주된 건설자. 이 이론은 기하학과 위상수학에서 성공적으로 사용되고, 특히 환과 가군(加群, module)의 이론 등 대수학에서의 주된 문제를 해결하는 데 쓰인 새로운 도구임.

1982년 **알랭 콘느**

작용소대수 이론에 공헌. 특히 III형 인자의 구조 정리와 일반적인 분류, 초유한 인자의 자기동형의 분류, 단사인자의 분류, 그리고 C*−대수의 엽층구조 및 더 일반적으로 미분기하학에의 응용.

윌리엄 서스턴

해석학, 위상수학, 기하학의 상호작용을 통해 2차원, 3차원의 위상수학 연구를 혁신. 아주 많은 종류의 3차원 닫힌 다양체가 타원적 구조를 가진다는 아이디어로 공헌.

야우 싱 통

미분방정식, 대수기하학의 칼라비(Calabi) 추측, 일반상대론의 양의 질량에 관한 예상, 실·복소 몽주−앙페르(Monge−Ampére) 방정식 등에 공헌.

1986년 **사이먼 도널드슨**

4차원 exotic 공간, 즉 4차원 다양체로서 4차원 유클리드 공간과 위상동형이나 미분동형은 아닌 것의 존재와 n=4만이 이와 같은 n차원 공간이 존재하는 유일한 값임을 보임.

게르트 팔팅스
정수론에서 50년이나 된 유명한 모델 추측(Mordell conjecture)을 해결.

마이클 프리드먼
4차원 위상다양체에 관한 푸앵카레 추측의 증명. 컴팩트 단순 연결인 4차원 다양체들을 두 가지 단순한 불변량을 써서 위상동형에 관하여 완전히 분류.

1990년 ▶ 블라디미르 드린펠드
양자군과 수론에 관한 업적. 특히 랭런즈 추측(Langlands conjecture)을 아주 중요한 특수한 경우에 해결.

보언 존스
폰 노이만 대수 연구에서 발견한 다항식 불변량을 매듭 이론에 도입.

모리 시게후미
3차원 대수 다양체의 분류에 관한 모리 이론 정립.

에드워드 위튼
이론물리학을 현대 수학과 결부시킨 연구. 특히 아인슈타인 방정식에 관한 쇤(Schoen)과 야우의 양에너지 정리의 새로운 증명을 비롯한 여러 업적.

1994년 ▶ 장 부르갱
바나흐 공간(Banach space)의 기하적 성질, 조화해석학, 에르고딕 이론, 비선형 편미분방정식 등을 아우르는 연구로 수상.

피에르 루이 리옹
비선형 편미분방정식.

장 크리스토프 요코즈
동역학계에 관한 많은 연구 결과에 대해 더욱 단순한 증명 도출, 일반적인 경우로 확장.

에핌 젤마노프
엥겔 등식(Engel identity) 문제, 제한 번사이드 문제(Burnside problem) 등 리 대수

의 주요 문제 해결.

1998년 **리처드 보셔즈**

캐츠–무디 대수(Kac–Moody algebra), 보형형식에 대한 연구.

윌리엄 티머시 가워즈

함수해석학과 조합론을 연결하는 연구.

막심 콘체비치

수리물리학, 대수기하학과 위상수학 방면의 업적.

커티스 맥멀렌

복소 동역학계, 쌍곡기하학에 관한 연구.

＊페르마의 마지막 정리를 증명한 업적으로 앤드루 와일즈에게 일종의 공로상
인 국제수학자연맹 은상(IMU Silver Prize) 수여.

2002년 **로랑 라포르그**

랭런즈 추측의 특수한 경우 해결. 이 결과로 정수론과 해석학의 새로운 연관성
제시.

블라디미르 보에보트스키

대수다양체의 모티빅 코호몰로지 이론을 발전시키는 데 기여.

2006년 **안드레이 오쿤코프**

확률론, 표현론, 대수기하학을 연결시킨 공로.

그리고리 페렐만

수상 거부. 서스턴의 기하화 추측을 입증하여 결과적으로 푸앵카레 추측을 증명.
기하학과 리치 흐름(Ricci flow)의 해석적, 기하학적 구조에 대한 혁명적인 통찰.

테렌스 타오

편미분방정식, 조합론, 조화해석학 및 가법적 수론에 대한 기여.

벤델린 베르너

뢰브너 전개, 2차원 브라운 운동(Brownian motion)의 기하학과 등각장론에 기여.

제2부

필즈상 수상자들

Part 1

초기(1960년대 이전) 수상자들

제1회(1936년)부터 제5회(1962년)까지 필즈상은 한 번에 두 명에게 수여하는 원칙을 지켰다. 거의 1940년대 이전 태생인 이 시기의 수상자들은 고령으로 은퇴하거나 사망한 사람들이 대부분이다. 오랫동안 연구 생활을 지속한 이들에 관한 자료들은 비교적 많이 누적되어 있는 편이다. 각각의 인물에 대한 간단한 약력과 그들의 연구 업적에 얽힌 수학 이야기를 상세하게 풀어 보도록 하자.

제1회(1936년)_ 라르스 알포르스와 제시 더글러스

1932년 가을 취리히에서 열린 수학자대회가 끝나갈 무렵, 필즈의 유지를 받들어 수학자를 위한 상을 만들기로 합의한 수학자들은 이 상의 수상자를 결정할 위원회를 결성했다. 당시의 주도적인 수학자들로 이루어진 이 위원회는 1936년 수학자대회 바로 직전에 수상자를 선정해 대회의 시작과 함께 수상자를 거명하고, 수여 이유를 발표하기로 했다.

1936년의 수학자대회는 노르웨이의 오슬로 대학에서 개최되었다. 필즈상 위원회는 대회 개막 직전에야 수상자를 선정하였는데, 핀란드 출신의 라르스 알포르스(당시 29세)와 미국 출신의 제시 더글러스(당시 38세)가 바로 그들이었다. 첫 시상이라 선정이 늦어진 이유도 있었지만 보안에 신경 쓰다 보니 개막식이 시작되기 30분 전에야 수상자들이 수상 소식을 듣고 부랴부랴 수상 소감을 준비하는 해프닝이 벌어지기도 했다. 이제는 수상자들이 자신의 업적에 대한 강연을 준비할 시간을 주기 위해 최소한 6개월 전에 통보를 하는 것이 관례이다.

라르스 알포르스: 변방에서 온 복소함수론의 대가

첫 수상의 영광을 안은 라르스 알포르스는 그 당시 수학계의 변방에 해당하는 핀란드에서 온 스물아홉 살의 청년이었다. 하지만 이 청년은 이후 수학자대회에서 세 번이나 기조연설을 했으며 평생에 걸친 업적으로 울프상을 받는 대가 중의 대가가 되었다. 그가 울프상을 받을 당시 시상식에서 사회자는 "어떤 의미에서 우리 모두는 그의 제자입니다."라는 말로 20세기 수학에 끼친 그의 영향력을 평가했다. 알포르스가 쓴 복소함수론 교과서는 아직까지 널리 쓰일 정도로 모범적인 교과서로 정평이 나 있다.

핀란드 출신이지만 스웨덴 가정에서 자란 알포르스는 태어난 직후 어머니가 돌아가셨기 때문에 공대 교수였던 아버지와 두 누나 밑에서 어느 정도 방치된 채로 자랐다. 하지만 뛰어난 수학자들 대부분이 타율적인 학습으로 수학을 배운 것이 아니듯이 알포르스 역시 스스로 수학의 세계를 발견했다. 그의 아버지는 집 안에 작은 서재를 꾸며 놓았는데, 알포르스는 열 살 무렵 이 서재에서 수학책을 발견하고 '이해할 수 없지만 흥미로운 기호로 가득 찬' 책들을 읽으며 독학으로 수학에 빠져들었다. 그는 점점 수학에 흥미를 느끼긴 했지만 따로 선

라르스 알포르스(1907~1996).

생님을 구하기가 쉽지 않았기 때문에 누나들의 학교 숙제를 도우며 혼자서 선행 학습을 하곤 했다.

오래된 역사를 지닌 왕국이긴 하지만 당시의 핀란드는 교육이나 학문이 발달한 사회는 아니었다. 알포르스는 스스로 수학에 재능이 있다는 사실을 깨닫고 어린 학생들에게 수학을 가르쳐 학비를 벌어 보려고 했다. 그러나 수학 과외의 필요성을 느끼는 학생들은 많지 않았다. 할 수 없이 그는 독일어와 첼로를 가르치는 아르바이트를 택했다고 한다.

완전한 독학으로 수학을 익히던 알포르스는 1924년 열일곱의 나이로 대학에 들어간 이후에야 본격적으로 수학을 공부할 수 있었다. 그러나 그가 입학한 헬싱키 대학에는 수학 교수가 몇 명 없었다. 핀란드가 학계의 변방이듯, 대학에서도 수학 연구가 그다지 활성화되지 못했던 것이다. 하지만 다행스럽게도 이 소수의 교수들은 매우 뛰어난 편이었고 열성적이었다. 알포르스의 지도 교수였던 에른스트 린델뢰프는 제자의 재능을 알아보고 따로 개인적인 과제를 내고 매주 그의 진도를 체크하면서 위대한 수학자의 성장에 기여했다. 알포르스는 수십 년이 지난 뒤에도 당시 '매주 토요일 아침마다 혼나러 가던' 기억을 떠올리며 이때가 자신을 수학자로 만든 시기였다고 회상하곤 했다.

뛰어난 학생들에게 자극을 주며 독려하는 것은 그들을 성장시키는 좋은 방법인지도 모른다. 부다페스트에 위치한 루터란 김나지움은 20세기 초 폰 노이만, 유진 위그너 등 뛰어난 과학자들을 배출한 것으로 유명한데, 그 비밀 중 하나는 수학 교사인 라츠 선생의 독특한 교수법에 있었다. 그는 매달 교내 잡지에 어려운 문제를 내고 그 문제를 풀도록 독려했는데, 학생들은 한 달 내내 문제 풀이를 위해 머리를 맞대고 논의해야 했다. 이 과정의 즐거움이 학생들 중 상당수를 20세기의 위대한 과학자로 성장시킨 토양이 된 것이다. 하지만 이들과 달리 알포르스는 혼자서 엄격한 스승이 내 준 과제와 씨름해야 했는데, 이는 이미 그가 수학자가 되기로 굳게 마음먹었기 때문에 가능한 일이었을 것이다.

이러한 노력과 의지에 대한 응답이었을까. 그가 수학자로서 비약적으로 성장할 수 있는 기회는 비교적 빨리 찾아왔다. 그의 또 다른 스승이었던 네반린나와 함께 스위스에서 공부할 수 있는 기회가 생긴 것이다. 네반린나는 당시 핀란드에서 가장 뛰어난 수학자로 세계적인 인물이었는데(수학자대회에서 응용수학 분야의 뛰어난 업적을 가진 사람에게 수여되는 네반린나상은 바로 그를 기리기 위한 것이다), 취리히 공대에서 공백이 생긴 수학 강의를 맡아 달라며 그를 초청했다. 이 대학에 있던 괴팅겐 학파 출신의 헤르만 바일이 교환 교수를 맡아 미국으로 출국함에 따라 생긴 일이었다. 네반린나는 우수한 제자인 알포르스에게 함께 가자고 제안했고, 1928년 알포르스는 최첨단 연구가 이루어지는 학문의 중심지에 발을 내딛었다. 알포르스는 수준 높은 강의와 토론이 주는 지적 향연을 즐겼는데, 이때 평생의 연구 주제가 된 '복소해석학'에 빠져들게 되었다.

해석학(analysis)이란 이름은 이공계 대학생을 제외한 대부분의 학생들에게는 생소한 이름일 것이다. 고등학교에서 배우는 미적분(calculus)이 해석학의 일부라고 말할 수 있는데, 해석학은 미적분을 포괄하는 좀 더 넓은 분야를 의미한다. 흔히 해석학은 '연속(continuity)'이나 '극한(limit)' 혹은 '변화(change)'를 다루는 수학 분야라고 일컬어진다. 아주 직관적으로 설명하자면 매끄러운 곡선이나 곡면으로 표현될 수 있는 함수의 성질을 연구하는 학문이라고 할 수 있을 것이다. 예를 들어 우리는 달리는 자동차의 속도를 연속적으로 변화하는 양으로 나타낼 수 있다. 보통 이 변화하는 양의 성질을 이해하기 위해서는 거리나 속도를 시간(t)에 대한 함수로 나타낼 필요가 있으며, 이러한 함수를 통해 우리는 거리의 변화나 속도, 혹은 가속도의 변화 등을 양적으로 표현하고 이해할 수 있게 된다. 해석학은 이러한 변화하는 양을 탐구하기 위한 수학적 도구라고 할 수 있다.

　사실 뉴턴과 라이프니츠가 17세기에 물리학을 탐구하는 유용한 도구로 미적분을 발명했다고는 하지만, 이 미적분에 엄밀한 수학적 기초가 주어져 해석학으로 발전하게 되는 것은 그로부터 150여 년이 지난 19세기의 일이었다. 미적분의 증명에는 무한히 작은 구간이 사용되는데, 당시에는 무한소를 수학적으로 다룰 엄밀한 방법론이 개발되지 않았던 것이다. 즉 달리는 자동차는 매 순간 속도가 변화하는데, 고정된 한 시점 t를 생각하면 마치 영화의 스틸컷처럼 어떤 지점 p에 멈춰 있는 것으로 생각될 수 있다. 하지만 아무리 짧은 시간을 잡아도 속도는 아주 조금이나마 변화하고 있기 때문에 한 시점 t에서도 속도는 변화하고 있다고 보아야 한다. 이렇게 '무한히 짧은 간격' 혹은 '무한히 작은 양'은 많은 사람들(지금 이 글을 읽고 있는 독자들처럼)을 현기증 나게 하는 일이었는데, 코시와 바이어슈트라스 등의 노력에 의해서 무한소 개념을 추방한 뒤에야 해석학은 엄밀한 수학의 한 분야로 자리를 잡을 수 있었다. 그리고 일단 이렇게 자리를 잡자 해석학은 실수라는 범주를 벗어나 복소수와 함수 등 더 넓은 대상에 적용되는 일반적인 수학적 도구가 되었고 실해석학, 복소해석학, 함수해석학 등 새로운 수학의 분야들이 잇따라 탄생했다.

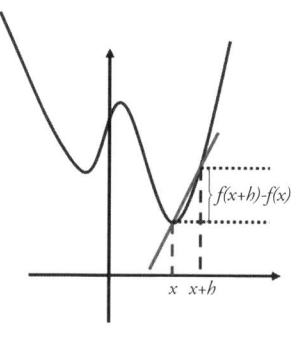

함수와 미분.

알포르스는 이렇게 해석학이 눈부시게 발전하던 20세기 초에 수학계에 뛰어들었다. 당시 취리히 공대가 유럽 학문의 중심지 중 하나였기에 그의 학문적 진보는 수학계에 매우 빨리 알려질 수 있었다. 취리히 공대는 괴팅겐 학파 출신이었던 민코프스키나 헤르만 바일, 혹은 헝가리 출신의 폴리야 등의 거물들이 교수로 있었고 아인슈타인이나 폰 노이만 같은 위대한 천재들이 거쳐 간 대학이다. 알포르스는 이곳에서 새로운 수학의 흐름을 접하며 당쥬아 문제(Denjoy problem)로 알려진 난제를 풀어내 젊고 뛰어난 수학자로 명성을 얻기 시작했다. 그는 짧은 체류를 마친 뒤 다시 고국 핀란드로 돌아가 학위를 마쳤다. 이후 몇 군데 대학에서 강사 일을 하다가 1935년 하버드 대학의 초청을 받아 미국으로 건너갔고, 1년 후인 1936년에 필즈상을 받게 된다. 그의 업적으로 거론된 것은 '리만 곡면(Riemann surface)에 대한 해석학적 연구'였는데, 리만 곡면 이론은 복소해석학의 한 분야이다.

여기서 잠깐 부언하자면 리만은 수학자 중의 수학자, 수학의 왕자인 가우스의 제자로 19세기 수학에서 가장 뛰어난 천재 중 한 명이었다. 공간이 휘어질 수 있다는 천재적인 발상으로 기존의 유클리드 기하학이 적용되는 곡률 0의 유클리드 공간뿐만 아니라, 양 혹은 음의 곡률을 가진 비유클리드적 공간과 이 공간에 적용되는 비유클리드 기하학이 존재한다는 것을 밝힌 인물이 바로 그였다. 리만은 특히 곡률이 0보다 커서 마치 원이나 타원의 표면처럼 휘어 있는 공간을 주로 다루었는데, 아인슈타인이 중력에 의해서 공간이 휘어진다는 일반 상대성이론을 주장했을 때 그 기초가 된 것이 바로 리만 기하학이었다.

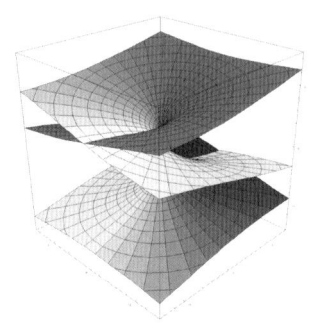

리만 곡면.

한편 리만은 복소평면을 변형시켜 복소함수론의 도구로 개발했는데, 이것을 '리만 곡면'이라고 한다. 시각적으로 표현하면 마치 나선형처럼 y축을 감고 올라가는 경사면처럼 생긴 것이다. 복소수를 해석학적으로 연구하는 것이 정수(소수)의 성질과 관련이 있다는 것이 해석적 수론(해석학적으로 수를 연구하는 학문)의 놀라움인데, 리만 곡면을 고안해 복소함수론의 새로운 지평을 연 리만의 천재적인 업적이 없다면 불가능했을 것이다.

필즈상을 받은 이후 알포르스의 삶은 어떻게 전개되었을까. 수학자로서의 연구와 업적은 대가답게 꾸준하고 생산적인 것이었지만, 제2차 세계대전은 그에게도 곤경과 위험을 가져다주었다. 1930년대 후반 하버드 대학교에 몇 년간 머물면서 향수병에 걸린 그는 핀란드로 돌아가야겠다고 마음먹었는데, 하필이면 1939년 제2차 세계대전이 터지면서 매우 곤란한 상황이 되어 버렸다. 러시아가 핀란드로 진격하기 바로 직전이라 어수선한 가운데 그는 일단 고국을 떠나기로 결정했다. 그의 선배 세대인 유명한 수학자 앙드레 베유가 당시 핀란드를 방문 중이었는데, 베유는 이때 첩자로 몰려 총살 당할 뻔하기도 했다. 알포르스는 이런 흉흉한 상황 속에서 아내를 먼저 스웨덴으로

도피시켰다. 하지만 막상 그가 아내의 뒤를 따라 출국하려고 하자 검문소에서 통행을 막았고, 해외 자금 유출을 막기 위해 출국자들의 소지 금액을 제한하는 조치가 내려지고 말았다. 그곳을 통과해 스웨덴에 도착한다고 해도 아내를 만나러 갈 기차 삯도 없는 셈이 된 것이다. 그는 기지를 발휘해 스웨덴에 도착하자마자 자신이 받은 필즈 메달을 전당포에 맡겨 돈을 구했다. 물론 아내를 만나고 난 뒤 친구와 지인들의 도움을 받아 다시 필즈 메달을 찾기는 했지만. 그는 이 사건을 두고 '필즈 메달이 실용적으로 사용된 유일한 사례'라고 농담하곤 했다. 그는 아내와 함께 전쟁을 피해 다시 미국으로 건너가 평생을 하버드 대학 교수로 보냈다.

역경을 겪기는 했지만 그는 전형적인 핀란드 인으로 과묵하면서도 위트가 넘치는 사람이었다. 75세 생일을 기념하는 모임에서 그는 은퇴란 멋진 일이라고 말하며 더 이상 논문을 써야 한다는 압박감 없이 새로운 성과를 마음껏 공부할 수 있다는 것을 즐거워했다. 어린 시절에 형성된 배움의 즐거움이 평생 지속되었던, 행복한 대가만이 할 수 있는 말이 아닐까.

항상 유머 감각을 잃지 않았던 그는 많은 일화를 남겼는데, 다음은 그중 일부이다.

> 그는 술을 아주 좋아하는 사람이었다. 하루는 그가 스카치위스키 한 병을 사 들고 들어오는데 집 앞에서 강도가 그를 습격했다. 알포르스는 순간적으로 기지를 발휘해 병으로 그를 때려눕히고 집으로 뛰어들어 전화로 경찰을

부르고 강도를 체포하도록 했다. 알포르스는 훗날 이 무용담을 전하면서 깨진 스카치위스키를 두고두고 아쉬워했다고 한다.

그의 아내는 이해심이 많은 사람이었는데, 남편의 애주 습관도 잘 이해해 주었다고 한다. 부부가 함께 학회에 참여하던 중 알포르스가 친구와 함께 바에서 맥주를 마시고 있을 때 그의 아내가 스카치위스키 한 병을 내밀며 나타나 이렇게 말했다고 한다. "이게 더 빨리 취해요."

미국의 과학 재단에서 연구 기금을 타 내는 것은 매우 귀찮은 일이다. 항상 연구 주제와 계획을 써내야 하는 일에 어려움을 겪던 한 수학 교수가 재단의 담당자를 만나서 다른 사람들은 어떻게 쓰냐고 물어보았다. 그 담당자는 알포르스의 계획서가 가장 모범적이었다고 대답했다. 알포르스의 학문적 업적을 존경하고 있던 이 교수는 그 계획서를 볼 수 있겠냐고 청했고, 담당자는 서류를 뒤져 종이 한 장을 내밀었다. 거기에는 "앞으로도 계속 서스턴의 업적을 연구하겠다."라고 달랑 한 줄만 적혀 있었다. 알포르스는 그런 계획서로도 연구 지원금을 타 냈던 것이다! (참고삼아, 이 서스턴은 훗날 필즈상을 받은 인물이다.)

> ### ♠ 해석학, 극한, 무한소
>
> 무한소의 역설은 흔히 '제논의 역설'이라는 것에서부터 시작되었다. 무한히 작아지면서도 사라지지 않는 이 무한소는 수학적 도구로서는 아주 실용적이었지만, 확실한 토대 위에 기반을 둔 논리적 체계를 원하는 수학자와 철학자 모두를 성가시게 하는 것이었다. 17세기 중반, 변화율을 수학적으로 다루기 위해 뉴턴과 라이프니츠가 개발한 미적분에 엄밀한 이론적 기초가 주어진 것은 200여 년이 지난 19세기의 일이었다. 코시와 바이어슈트라스 등의 방법은 엡실론-델타 논법이라고 불리는

데, 이것은 간단히 말해 '무한소'라는 개념을 쓰는 대신 '이러저러한 양수 ε에 대해서 이러저러한 양수 δ가 존재한다.'라는 수학적 명제를 사용함으로써 애초에 혼란을 배제할 수 있었던 것이다. 훗날 1960년대에 로빈슨에 의해서 무한소를 재도입한 비표준적 해석학이 시작되기는 하지만, 코시와 바이어슈트라스의 업적은 해석학을 엄밀한 수학으로 발전시킬 수 있는 토대가 되었다는 점에서 위대하다고 해도 손색없다.

수학에서는 이렇게 종종 직관적이거나 실용적인 발전이 먼저 생겨나고 한참 뒤에야 이론적인 체계화가 이룩되는 경우가 있다. 수학을 '공리로부터 증명해 나가는 학문'으로만 배우는 학교 교육 과정에서는 이렇게 역동적인 수학의 발전상을 접하거나 배우기가 쉽지 않다. 교과 과정에서 수학사를 가르쳐야 할 필요성은 아마도 여기에 있을 것이다.

제시 더글러스: 비누 막 문제

알포르스에 비하면 제시 더글러스에 대해서는 기록이 많이 남아 있지 않다. 아마도 그가 누구보다 조용한 일생을 보냈기 때문일 것이다. 하이데거가 아리스토텔레스 철학에 대한 강의의 시작 부분에서 '그는 태어났고 살다가 죽었다.'라는 짧은 문장으로 아리스토텔레스의 생애를 요약했던 것처럼 말이다. 그는 미국 뉴욕 태생으로 컬럼비아 대학에서 학위를 받았다. 그는 1920년대에 학위를 받고 연구와 강의를 병행하며 활발하게 논문을 발표했고, 1930년대에는 MIT의 교수와 프린스턴 고등연구소의 연구원으로도 일했다. 그는 1931년 플라토 문제(Plateau's problem)를 해결하면서 업적을 인정받아 제1회 필즈상 수상의 영광을 안게 되었다.

우리는 둘레가 주어졌을 때 최대의 면적을 갖는 도형이 어떤 것인지를 찾는 문제에 익숙하다. 예를 들어 길이가 16미터인 줄로 직사각형을 만들 경우, 한 변이 4미터인 정사각형을 만들었을 때 가장 넓은 면적을 갖게 된다. 이렇게 일정한 조건 아래서 최대 혹은 최소의 값을 구할 때 수학에서는 흔히 미적분이라는 방법을 사용한다. 하지만 지금 말한 것처럼 단순한 2차 방정식의 형태로 풀 수 있는 평면 위의 문제가 아닌 좀 더 복잡한 조건이 주어지면 매우 복잡한 고등 미적분을 활용해야 한다. 이런 문제 풀이에 사용되는 복잡한 미분 방정식을 수학에서는 '변분법'이라고 부르기도 한다.

최초의 변분법 문제 중 하나는 갈릴레오가 제기했다. 두 개의 절벽 사이를 곡선으로 연결하고 이 곡선 위로 공을 굴린다. 이때 공이 가장 빠르게 굴러갈 수 있는 곡선의 형태는 무엇일까? 갈릴레오는 원이라고 생각했지만, 정답이 아니었다. 이 문제를 해결한 사람은 뉴턴과 라이프니츠였는데, 오늘날 이 형태의 곡선은 '사이클로이드(cycloid) 곡선'이라고 불리고 있다. 자전거나 자동차의 회전하는 바퀴 가장자리에 한

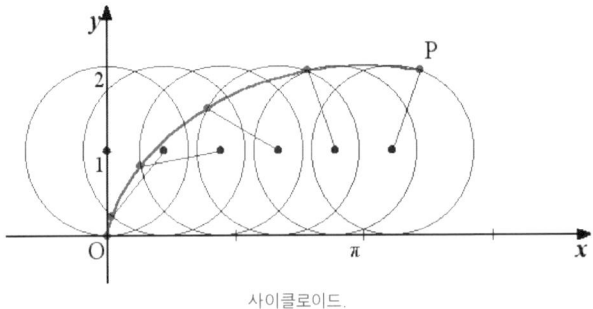

사이클로이드.

최소 곡면 예술.

점을 찍고 앞으로 나아가는 모습을 옆에서 볼 때 이 점이 이동하는 궤적이 바로 사이클로이드 곡선이다.

프랑스의 수학자 라그랑주는 모서리가 고정될 경우 이 모서리를 잇는 최소 면적의 곡선(극소곡면)은 어떤 형태인지를 물었다. 물리학자 조제프 플라토는 1847년 비누 막이 이러한 성질을 가진다고 추측했는데, 이로 인해 이 질문은 '비누 막 문제'로 알려지기 시작하였다. 이는 다른 말로 하면 3차원 공간에 있는 어떤 닫힌곡선도 그 곡선을 경계선으로 가지는 극소곡면을 가진다는 것을 증명하라는 문제였다. 1887년 수학자 카미유 조르당이 닫힌곡선을 엄격하게 수학적으로 정의하면서 이 문제는 수학 문제가 되었다. 그리고 제시 더글러스가 그러한 곡선의 존재를 증명하면서 이 문제는 해결되었다.

그러나 더글러스의 증명으로 비누 막 문제 혹은 극소곡면의 문제가 해결된 것은 아니었다. 사실 아직도 이 비누 곡면에 대한 연구는 계속 진행 중이다. 비누 곡면은 3차원에서도 여러 형태를 가질 수 있는데 그것을 설명하는 완벽한 수학적, 물리학적 설명이 이루어지지 못했기 때문이다. 예를 들어 거품 두 방울이 합쳐지면서 생기는 이중 거품은 어떤 모양이 되어야 하는지를 수학적으로 설명하는 것은 매우 어렵다. 더글러스의 증명 이후 극소곡면 문제의 발전에 기여한 공로를 인정받은 엔리코 봄비에리는 1974년 필즈상을 수상하였다.

제시 더글러스는 필즈상을 받은 이후에 플라토 문제에 대한 그의 해결책을 일반화하는 작업과 함께 리만 곡면, 적분법, 군론 등 다양한 분야에 업적을 남겼고 말년에는 뉴욕 시립대학의 정교수로 학생들을 가르치는 일에 힘썼다. 이 학교에는 대학원이 없다. 덕분에 학부생들은 필즈상 수상자가 강의하는 고급 미적분학을 듣는 영광을 얻을 수 있었다.

> ♠ 변분법
>
> 변분법은 막연하게 말하자면 어떤 조건이 걸린 경로(변화하는 연속된 값)를 따라 (적분한 값의) 최대값이나 최소값을 찾는 것이라고 말할 수 있다. 중력이 주어졌을 때 그 중력을 따라 가장 빠르게 움직일 수 있는 경로를 찾는 것이 앞서 언급한 최초의 변분법 문제였다. 여기서는 특정한 경로를 택했을 때 이동하는 데 소요되는 시간의 함수를 적분하고 그 적분값이 최소가 되는 경로가 무엇인지를 찾게 된다. 이러한 문제를 푸는 데 필요한 테크닉을 변분법이라고 부르는데, 이것은 순수수학의 영역이라기보다는 물리학에서 응용 범위가 더욱 넓은 분야이다.
>
> 참고로 변분법의 초기 역사는 하위헌스와 뉴턴, 베르누이 형제, 오일러와 라그랑주 등 17세기의 뛰어난 학자들이 교류를 통해 만들어 낸 공동 작품이라고 할 수 있었다. 1755년 라그랑주는 선배인 오일러에게 자문을 구하는 편지를 썼는데, 오일러는 자신도 전부터 같은 문제를 연구하고 있었지만 라그랑주의 방법이 더 뛰어나다는 것을 알고 그 연구의 모든 공을 라그랑주에게 돌렸다. 변분법의 기초적인 업적 중 하나에 오일러-라그랑주 방정식이란 이름이 붙어 있는 것은 바로 그 때문이다.

제2회(1950년)_ 아틀레 셀베르그와 로랑 슈워츠

제2차 세계대전은 국제수학자대회에 공백을 가져왔으며 그 덕분에 필즈상 수상도 이루어지지 못했다. 첫 번째 수상이 이루어진 1936년 대회 이후 무려 14년이 지난 1950년에야 다음번 수상이 가능했던 것이다. 우리는 이미 만 40세 이하의 수학자들만 필즈상을 받을 수 있다는 것을 알고 있으므로, 20세기 초반에 태어난 많은 수학자들이 전쟁으로 인해 필즈상을 받을 수 있는 기회를 놓쳤을 거라는 사실을 짐작할 수 있다. 예를 들어 확률론을 공리화시킴으로써 현대 확률론의 기초를 확고히 했던 콜모고로프나 프랑스의 생산적인 수학자 모임이었던 부르바키의 초기 멤버이자 철학자 시몬 베유의 오빠인 앙드레 베유, 그의 동료였던 앙리 카르탕, 중국계 수학자로서 미분기하학의 세계적인 지도자였던 천청쉔 등이 바로 이러한 불운의 피해자였다.

하지만 이러한 공백 덕분에 필즈상은 명실공히 20세기 후반의 수학 경향을 보여 주는 지표로 인식되었다. 전쟁은 문명사에서 하나의 단절을 보여 주는 편리한 기점이 되는데, 현대 수학의 역사에서도 마찬가지다. 길고 끔찍했던 제2차 세계대전이 끝난 후 새로운 발전을 위해 많은 수학자들이 힘찬 발걸음을 시작했던 것이다.

아틀레 셀베르그 : 리만과 라마누잔의 영감 아래

한때 수의 성질을 다루는 수론은 수학의 왕자였다. '정수는 하느님이 만들었고, 그 밖의 모든 수는 인간이 만든 것.'이라고 말했던 크로네

스리니바사 라마누잔(1887~1920).

커의 말처럼 수학자들은 가장 단순해 보이면서도 심오한 성질을 갖고 있는 자연수와 정수에 깊이 매료되었다. 수학의 왕자 가우스, 20세기 전반 영국의 지도적인 수학자 하디를 비롯해 많은 위대한 수학자들이 정수론을 자신의 가장 전문적인 분야로 삼았다. 하지만 정수론 분야에서 활약한 수학자 중에서 가장 기이하면서도 가장 놀라운 인물은 아마도 라마누잔일 것이다.

수학에 대해 관심이 적은 사람들이라고 하더라도 라마누잔의 이름은 들어 본 적이 있을 것이다. 그도 그럴 것이 그는 수학 역사상 가장 기이한 인물이기 때문이다. 인도 태생의 라마누잔은 정규교육을 제대로 받지 못하고 독학으로 수학을 배웠다. 그는 증명을 생략한 채 놀라운 공식들을 직관적으로 발견했는데, 만일 하디가 기묘한 수식으로 가득 찬 그의 편지에서 천재성을 발견해 내지 않았다면 아마 우리는 그의 이름조차 모르고 있었을 것이다. 이미 세 명의 수학자들이 미친 사람이 분명하다며 내던진 편지를 네 번째로 본 사람이 하디였고, 그는 동료 리틀우드와 함께 한참 동안 그 내용을 검토한 뒤 라마누잔이 천재라는 결론을 내렸다.

힌두 신앙에 따른 금욕적인 생활과 추운 영국 날씨의 영향으로 폐렴에 걸려 33세의 짧은 생애를 끝낼 때까지 라마누잔은 놀라운 속도로 정수론을 비롯해 순수수학의 공식과 정리들을 쏟아 냈으며, 그가 남긴 몇 권의 노트는 오늘날에도 여전히 수학자들에게 영감을 주고 있다.

라마누잔에게 영감을 받은 수학자 중 대표적인 사람을 꼽으라고 하면 제2회 필즈상 수상자인 노르웨이의 수학자 셀베르그를 가장 먼저 언급해야 할 것이다. 셀베르그야말로 라마누잔의 업적에 영감을 받아 수론을 연구한 대표적인 인물이기 때문이다. 셀베르그는 1917년 6월 14일 노르웨이 랑게순드의 수학자 집안에서 태어났다. 아버지는 수학 박사 학위를 딴 고등학교 교사였고, 셀베르그의 두 형인 헨리크와 지그문트도 노르웨이에서 수학 교수가 되었다. 셀베르그는 이런 분위기 속에서 이미 12살에 대학교 수준의 수학을 공부했고, 15살에는 학술지에 기고할 정도의 실력을 갖추었다.

그는 일찌감치 수학자가 되기로 마음먹고 있었지만 어떤 분야를 전공으로 선택할지 망설이고 있었는데, 때마침 발견한 라마누잔에 관한 논문과 노트는 그가 수론을 선택하는 데 결정적인 영향을 끼쳤다. 이

아틀레 셀베르그(1917~2007).

조숙한 천재는 수학의 세계에 본격적으로 발을 들여놓자마자 수론의 중대한 문제와 씨름을 시작했다.

셀베르그가 1943년 가을에 완성한 학위논문은 리만 가설에 관한 것이었다. 리만 가설은 1900년에 힐베르트가 20세기의 문제로 제시한 23문제 중 하나이자, 클레이 연구소가 2000년을 맞이해 제시한 21세기 7대 난제 중 하나인 유명한 문제이다. 우리는 알포르스의 업적을 다루며 리만 곡면에 대해서 이야기했는데, 복소수의 성질을 탐구하기 위해 리만이 고안한 것이다. 복소수에 관한 리만의 업적 중 가장 중요한 것은 '제타 함수'라는 것과 깊은 관련이 있다.

제타 함수란

$$\zeta(s) = \sum_{k=1}^{\infty} \frac{a_n}{n^s}$$

꼴의 함수인데, 실수부가 1보다 큰 복소수 s에 대해서

$$\zeta(s) = \sum_{n=1}^{\infty} \frac{1}{n^s}$$

꼴로 나타낸 것을 '리만 제타 함수'라고 한다. 이 리만 제타 함수의 값을 0으로 만드는 복소수 s에 대해 -2, -4, -6과 같은 자명한 해를 제외한 모든 자명하지 않은 해는 실수부가 1/2이라는 것이 바로 리만 가설이다. 리만 가설이 중요한 이유는, 리만 가설이 옳다면 이 리만 제타 함수의 해들이 소수의 분포와 밀접한 관련을 가지기 때문이다.

소수는 1과 자신 외의 수로는 나누어떨어지지 않는 자연수를 말한다. 모든 자연수는 한 가지 형태의 소수의 곱으로 나타낼 수 있다는 점에서 소수는 자연수를 구성하는 기초적인 벽돌이자 원소로 간주되는데, 이 소수에는 많은 신비스러운 문제들이 숨어 있다. 예를 들어 2, 3, 5, 7, 11, 13······으로 이어지는 소수의 개수가 무한하다는 것은 이미 2500년 전 유클리드가 증명한 것이지만, 이 무한한 소수 중에서 5와 7, 11과 13처럼 p, p+2 형태인 소수의 쌍이 무한한지 아닌지(쌍둥이 소수 문제)에 대해서 우리는 알지 못하며, 2 이상의 모든 짝수는 두 개의 소수의 합으로 나타낼 수 있다는 추측(골트바흐의 추측)이 참인지 아닌지도 알지 못한다.

어떤 수 n이 주어졌을 때 1부터 n까지의 수 중에서 소수의 개수가 얼마나 되는지를 결정하는 함수가 있느냐는 것도 수학의 오랜 문제 중 하나였다. 리만은 '주어진 수보다 작은 소수의 개수에 대하여'라는 기념비적인 강연에서 이 문제에 대한 실마리를 제공했다. 이제 소수

의 개수에 관한 정수론적 문제는 리만 제타 함수라는 복소함수에 관한 연구로 바뀌었고, 이와 함께 해석적 정수론의 시대가 시작되었다. 셀베르그는 리만 가설을 뒷받침하는 강력한 증명을 찾아냈는데, 이 방법은 보다 일반적인 응용이 가능한 뛰어난 연구임이 입증되었다. 그의 방법을 사용하면 주어진 구간 내의 소수의 개수를 추측할 수 있었던 것이다.

셀베르그는 학위 논문을 완성한 뒤 1947년 프린스턴 고등연구소로 건너가 이 연구를 계속했는데, 1948년 자신의 방법을 이용해 소수 정리의 초등적 증명을 하게 된다. 소수 정리란 무작위로 어떤 정수 하나를 골랐을 때 그 정수가 소수일 확률을 추측하는 함수로, 이전까지는 리만 제타 함수를 사용한 해석적 증명이 이루어진 상태였다. 셀베르그는 복소해석학을 사용하지 않고 이것을 증명하였는데, 이는 하디 등 주도적인 수학자들이 그 가능성을 의심하던 난제 중 하나였다. 셀베르그는 이 업적으로 인해 1950년 필즈상을 받게 된다.

셀베르그는 은퇴할 때까지 고등연구소에 머물렀다. 성공한 백화점 소유주였던 뱀버거 남매의 기부금으로 1930년대에 설립된 이 고등연구소는 이미 뛰어난 업적을 이룩한 석학들만을 교수로 초빙해, 어떤 의무도 부과하지 않고 자유로운 연구를 지원하겠다는 이념을 갖고 있었다. 이곳에는 정년이 보장된 교수 외에 계약직의 연구원들도 다수 있었다. 셀베르그는 연구원을 거쳐 교수가 되어 1987년 은퇴할 때까지 이곳에 머물면서 수론을 비롯한 다양한 분야에 업적을 남겼다.

셀베르그 이후에도 마이클 아티야, 장 부르겡, 엔리코 봄비에리, 야우싱 퉁, 에드워드 위튼 등 다수의 필즈상 수상자들이 이 고등연구소에 몸담으면서 자신이 지도적 수학자임을 보여 주며 고등연구소의 명성을 이어 갔다.

셀베르그는 1986년 울프상을 수상했고, 2002년에는 아벨 명예상을 받았다. 그가 죽기 전 마지막으로 한 인터뷰가 노르웨이 텔레비전에서 방송될 정도로 그는 노르웨이의 지적 영웅이었다.

> 수학을 지식의 체계로 보면, 그것은 확실히 하나의 과학으로 분류될 수 있을 것이다. 하지만 수학이 성장하고 축적되는 방법을 보면, 실제로 수학자들이 하는 일은 예술에 더 가깝다.
>
> – 아틀레 셀베르그, 라마누잔에 관한 강연 중에서

♠ 셀베르그와 소수 연구

소수정리는 $\lim\limits_{n\to\infty} = \frac{\pi(n)}{n} \cdot \ln n = 1$ 의 형식을 갖고 있는데, 이는 어떤 큰 자연수 n을 무작위로 골랐을 때 그 정수가 소수일 확률은 자연로그의 역수에 근사하다는 것을 보여 주며, 다른 한편으로는 소수의 분포에 관한 근사적 표현이기도 하다. 복소함수론을 사용하지 않은 셀베르그의 방법은 '초등적' 증명이라고 불리지만 그 계산은 매우 복잡하고 난해하다. 이 소수정리는 소수의 분포와 관련이 있기 때문에 리만 가설과 밀접하기도 하다. 셀베르그는 리만 가설의 해결 자체에 대해서도 여러 가지 노력을 기울였으며, 여러 유용한 도구들을 만들고 부분적인 성과를 올렸다(사실 그의 업적은 광범위한 것이어서 해석적 정수론 분야에 그의 이름을 딴 개념들이 적지 않다). 특히 그의 '체 방법론'은 소수 연구에 널리 응용되고 있는데, 특히 중국의 수학자 첸징룬이 이 방법을 사용해 골트바흐의 추측과 관련된 몇 가지 탁월한 결과를 남겼다. 잘 알려져 있다시피 골트바흐의 추측은 '4 이상의 모든 짝수는 두 개의 소수의 합으로 나타낼 수 있다'라는 것이다. 이 추측은 아직 증명도 반증도 이루어지지 않고 있지만 이 추측을 입증하는 과정에서 유사한 소수의 성질들이 적지 않게 증명되었다. 첸징룬은 셀베르그의 방법론을 사용해 'p+2가 소수이든가 p+2가 두 소수의 곱이 되는 소수 p가 무수히 많이 존재한다'라는 사실과 '충분히 큰 임의의 짝수는 두 소수의 곱과 한 소수를 더한 형태로 나타낼 수 있다'라는 사실을 증명하였다. 여기서 후자가 골트바흐의 추측과 깊은 관련이 있는 문제이다.

로랑 슈워츠: 수학과 정치 사이

흔히들 과학자라고 하면 세속적인 삶의 가치와 초연한 사람들로 생각하기 쉽다. 예를 들면 아인슈타인이 이스라엘 대통령직을 거부하며 "정치는 현세를 위한 것이지만 방정식은 영원을 위한 것이다."라고 말했던 일화에서처럼 말이다. 그러나 꼭 그렇지는 않다. 어느 누구보다도 더 뜨거운 정치적 열정을 보여 주었던 수학자들이 있다. 제2회 수상자인 로랑 슈워츠가 바로 대표적인 인물이다.

그는 외과의사의 아들로 파리에서 태어났는데, 친척들 중에 뛰어난 인물이 많았다. 20세기 초반의 위대한 수학자 중 한 명인 자크 아다마르가 그의 큰 할아버지이고, 외가의 증조부인 시몽 드브레는 국립의과대학의 학장이었다.

슈워츠는 고등학교 시절 고전학자와 수학자의 길 사이에서 갈등했다고 한다. 그는 라틴어 국가경시대회에서 최고상을 받을 정도로 고전어에 뛰어난 재능을 보였다. 고민 끝에 그는 기하학에 더 매력을 느끼고 1934년 프랑스의 최고 대학 과정 중 하나인 고등 사범학교에 진학한다. 1937년 학위 과정을 마친 그는 3년간 군복무를 해야 했다.

로랑 슈워츠(1915~2002).

군에 들어가 그는 전쟁이 임박해 오는 것을 보았고 전쟁이 일어나자 남부 프랑스로 내려갔다. 유태인이기 때문에 어떤 위험이 닥칠지 모르는 상황이었던 것이다. 전쟁 와중에 학위 논문을 완성하고 첫 아이를 낳는 모험을 감수하며 숨어 지내던 슈워츠 가족은 가명을 써 가며 위험을 피해 다녔는데, 그가 자신의 주요 업적인 '초함수 이론'을 발견한 것도 이 시기였다. 그르노블(Grenoble)을 거쳐 낭시 대학에 머물던 그는 1950년 이 업적으로 필즈상을 수상한 뒤 소르본 대학을 거쳐 파리 공과대학(École Polytechnique, 에콜 폴리테크니크)에 가 이곳에서 평생을 보내게 된다.

슈워츠의 주된 기여는 함수론에 대한 것이었다. 일반적으로 $y=f(x)$의 형태로 나타나는 함수는 변수 x의 값과 그 x를 포함하는 공식의 값 y 사이의 관계를 나타내는 것으로 이해된다. 수학이 발달하기 오래전부터 사람들은 미지수를 포함하는 공식들을 다루었지만 이것을 일반적으로 이해하지는 못했다. 그러나 데카르트에 의한 직교좌표의 발명은 미지수들의 관계를 기하학적으로 표현해서 다룰 수 있게 해주었고, 함수는 '곡선의 성질에 대한 연구'로 불리게 되었다. 함수론을 발전시킨 것은 오일러였다. 그는 삼각함수, 지수함수, 로그함수 등을 함수론의 영역에 끌어들이며 함수론 분야를 비약적으로 확대시켰다.

이렇게 함수론이 발달하면서 오일러가 이해했듯이 함수가 더 이상 '곡선의 연구'로 이해되기 어려운 시점이 찾아왔다. 푸리에가 모든 함수를 삼각함수의 중첩으로 표현할 수 있다는 놀라운 주장을 내세운 뒤, 디리클레가 이 추측을 증명하려고 노력했을 때 표현 불가능한 함수를 발견했던 것이다. 즉 그는 모든 유리수 x값에 대해 y가 1이고 무리수 x값에 대해서는 0으로 정의되는 함수를 생각했는데, 이것은 더 이상 공식으로 정의될 수 없으며 곡선은 더더욱 아니었다. 그래서 1837년 디리클레는 대응(사상)을 통해 함수를 정의하는 방법을 고안한다. 그러나 점점 기괴한 함수들이 등장했다.

1893년 올리버 헤비사이드는 겉으로 보기에는 이해가 불가능한 함수를 도입했다. 바로 모든 점에서 그 값이 0이며, 단 x=0일 때만 무한대의 값을 지니는 함수이다. 그리고 이 함수가 덮고 있는 영역의 넓이는 1이다. 이것을 '델타 함수'라고 부른다. 이것은 요철 모양의 함수를 점점 변형해 갈 때 그 극한에 위치하는 형태라고 할 수 있다. 하지

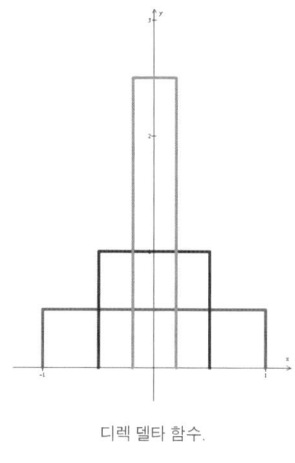
디렉 델타 함수.

만 너무나 불합리한 개념이어서 수학자들은 인정하지 않았고, 헤비사이드는 결국 영국 왕립협회로부터 축출당하고 말았다.

이 기괴한 함수를 구원한 것은 이론물리학자 폴 디랙이었다. 양자 역학을 수학화하면서 그는 이 델타 함수를 응용했다. 폰 노이만과 같은 동료 수학자의 비판을 받기는 했지만 디랙은 자신의 이론물리학의 일부로 이 함수를 과감하게 도입했다. 그리고 이 함수 개념의 확장은 로랑 슈워츠에 의해 이루어졌다. 그의 분포 이론은 1944년 첫 출간되고 1950년에 마무리된 2권의 두툼한 책으로 출간되었는데, 예전에는 다루기 불가능했던 초함수들을 다룰 수 있는 미분 방법을 함축하고 있었다.

그는 연속적인 모든 함수는 분포의 개념을 통해 미분이 가능하다는 것을 보였고, 여기에는 코흐 곡선과 같은 기괴한 형태를 미분하는 방법이 포함되어 있었다. 이 개념은 실수가 유리수의 일반화된 형태인 것처럼 함수를 일반화시키기 때문에 함수에 대한 고전적인 문제들이 분포에까지 확장될 수 있었다. 수학에서 중요한 것은 이처럼 보다 확장되고 일반적인 개념이 일으키는 혁신이다. 수학자 사회는 필즈상을 통해서 이 업적의 중요성을 찬양했다.

그러나 수학 이외에 슈워츠의 일생에서 가장 두드러진 것은 정치에 대한 그의 열정과 헌신이었다. 그는 드레퓌스 사건과 식민지의 압제하에서 조국 프랑스의 현실에 눈을 떴다. 이상주의적이고 사회주의적인 성향을 갖고 있던 그에게 제국주의와 반유태주의는 견딜 수 없는 추문이자 부도덕이었다. 그는 특히 1930년대 소련의 스탈린주의에 대해 격렬한 반감을 갖고 있었으며, 이는 그가 열렬한 트로츠키주의자가 된 원인이 되었다(그러나 그는 훗날 공산주의와 결별했고, 공산당 기관지는 그를 미국의 스파이라고 비난하는 팸플릿을 작성했다).

이 비타협적이고 완고한 수학자는 무엇보다 제국주의 국가의 압제에 대해 비판적이었는데, 프랑스의 알제리 통치와 미국의 베트남 전쟁이 그 대표적인 사례였다. 알제리 내전 당시 알제리 대학의 수학도였던 모리스 오댕이 프랑스 군대의 고문을 받다 사망한 사건이 벌어지자 슈워츠는 진상 규명을 촉구하는 위원회를 만들어 활동했고, 오댕에게 명예 학위를 수여하도록 대학 평의회에 참여했다. 그는 학문을 압제하는 국가에서 학자들을 구하기 위해 끊임없이 사람들의 주의를 환기하고 참여를 촉구했다. 우루과이의 호세 루이스 마세라, 체코슬로바키아의 지리 밀러, 소련의 레오니드 플리우시 등이 그의 도움을 받았다.

그의 열정적인 활동은 정적들을 만들어 내기도 했다. 알제리 전쟁을 공공연하고 격렬하게 비판해 극우 단체의 소행으로 보이는 폭탄 테러를 받아 그의 아파트가 날아간 적도 있었다(다행히 집에 아무도 없었다고 한다). 하지만 이런 적대적인 행위 앞에서도 슈워츠는 죽는 날까지 행동하는 지성으로서 자신의 신념에 따라 행동하는 용기 있는 삶을 살았다.

슈워츠의 삶에서 주목해야 할 또 다른 한 가지는 부르바키와의 관계이다. 부르바키는 1930년대 남부 프랑스의 대학교에서 수학을 가르치던 젊은 수학자들의 모임에서 발전한 프랑스 수학자들의 집단이었다. 이들은 이미 수학은 19세기의 방법을 벗어나 빠르게 발전하고 있지만 학부 수준을 벗어난 학생들이 사용할 마땅한 교재는 많지 않다는 데 동의했다. 그래서 공동으로 교재를 개발하기로 하고, 장난스럽게 부르바키라는 공동의 필명을 사용하기로 했다.

슈워츠는 전쟁의 혼란 속에서 앙리 카르탕, 장 델사르트 등을 만났고 이들의 충고에 따라 남부 프랑스로 이주해 위험을 피할 수 있었다. 그는 그곳에서 장 디외도네, 샤를 에레스망, 숄렘 망델브로이 등 다른 부르바키 집단을 만나 공동 작업을 할 수 있었다. 고등 수학 교재가 많지 않던 시기였기에 수학적 구조 개념에 바탕을 두고 간결하고 추상적으로 쓰인 이들의 책은 영향력이 매우 컸다. 하지만 내부에서는 이견이 적지 않았다. 특히 슈워츠는 이들의 접근법에 대해 비판적이었는데, 정치적으로나 수학적으로나 그의 후배라고 할 수 있는 그로텐디크 역시 그러했다. 아마 엄밀함과 일반성을 강조함으로써 새로운 혁신을 불러일으켰던 부르바키가 다음 세대의 혁신으로 이어지지 못했기 때문이었을 것이다.

수학적 사고의 자유와 엄밀성이 권위에 속박되지 되지 않으며 혁신을 추구한다는 것을, 슈워츠는 학문 안팎에서 온몸으로 보여 준 인물이라고 할 수 있다.

수학자들은 과학적 추론의 엄격성을 일상생활에까지 끌고 들어간다. 수학적 발견은 전복적이며 항상 금기를 깰 준비가 되어 있다. 그리고 기존의 권위에 거의 의존하지 않는다. 수학자건 아니건 오늘날 과학자들을 상아탑 속에 갇혀 바깥 세상에 무관심하며 도덕적 기준에 대해 거의 관심이 없는 이들로 생각하는 경향이 있다. 이는 해로운 것이다.

- 로랑 슈워츠

♠ 수학, 과학 그리고 정치

훗날 필즈상을 수상한 러시아의 두 수학자는 당국의 정치적 박해로 인해 국외에서 열린 수학자대회에 참석하지 못했다. 정치와 수학자대회가 얽힌 사례는 이외에도 또 있었다. 1950년 미국의 매사추세츠 주 케임브리지에서 국제수학자대회가 개최될 당시는 2차 세계대전 직후 한국전쟁으로 이어지는 냉전이 시작될 무렵이었다. 미 정부 당국은 공산주의자로 간주되는 수학자들의 입국을 탐탁지 않게 생각했다. 그해 필즈상 수상자였던 로랑 슈워츠와 그의 동료 자크 아다마르는 당시 대통령 해리 트루먼이 상황에 개입한 뒤에야 겨우 미국 입국 비자를 받을 수 있었다.

과학자들이 정치적 신념을 갖는 것은 흔히 볼 수 있는 일이다. 대부분 과학이 이념에 좌우되지 않는 객관적이고 불편부당한 진리를 추구하기 때문에 (그리고 현실적으로는 정치에 신경 쓸 여유가 없기 때문에) 과학자들이 정치에 초연하기 쉽다고 생각하곤 한다. 하지만 파스퇴르의 말을 바꾸어 표현하자면, 과학은 정치를 모르더라도 과학자들에겐 정치가 있다. 과학자들의 정치적 신념과 그들의 과학적 업적은 별개일 수밖에 없는데, 달리 말하자면 아무리 과학자로서 위대하다고 해도 그의 정치적 신념이 반드시 올바른 것은 아니며, 반대로 정치적 신념이 아무리 마음에 들지 않는다고 해도 그의 과학적 연구의 가치는 인정받아야 한다는 뜻이기도 하다.

하지만 이것은 말처럼 쉽지 않다. 특히 냉전 시대에는 좌우, 동서를 막론하고 반체제적이고 좌파적인 신념을 가진 과학자들에 대한 탄압이나 억압이 이루어졌다. 양자론과 화학의 기본 원리를 결합시켜 20세기 가장 위대한 화학자 중 하나가 된 라이너스 폴링은 관심을 생물학으로 돌려 단백질, 특히 DNA의 구조를 연구하고 있었다. 그는 2중 구조가 아닌 3중 구조를 연구하고 있었는데, 여성 과학자인 로절린드 프랭클린이 2중 구조의 실마리를 가진 X선 회절 결과를 제출했던 1952년 학회에 그가 참석했다면 우리는 어쩌면 DNA의 발견자로 왓슨과 크릭 대신 그의 이름을 기억하고 있을지도 모른다. 하지만 미국 정부는 반전·반핵 운동을 펼치던 폴링을 불편하게 생각했고, 그는 결국 출국에 필요한 여권을 받지 못했다. 2년 뒤인 1954년 노벨상 수상자가 되었을 때도 미 국무부는 논란 끝에 그에게 겨우 여권을 발급했다.

제3회(1954년)_ 고다이라와 세르

제3회 필즈상 수상자를 발표하고 그들의 업적을 소개한 사람은 헤르만 바일이었다. 그런데 바일은 고다이라와 세르의 업적을 구별해서 소개하는 데 어려움을 겪었다. 둘 다 '대수적 다양체'라는 공통된 분야를 연구했기 때문이다. 그러나 바일은 그 둘의 업적을 거론하며 처음으로 대수학자들이 필즈상을 받는 것의 의의를 강조했다. 이는 추상 대수의 발달이 기하학과 위상학 등 기존의 분야들을 압도하고 흡수하며 새로운 수학의 영역을 지배한 20세기 후반의 수학적 동향을 예언한 것이었다.

고다이라 쿠니히코: 동양에서 온 과묵한 대가

고다이라는 비서구인 중 최초로 필즈상을 받은 인물이다. 그의 아버지는 농업과학자로 농무부 차관을 지냈으며 남미 농업 개발에 적극적으로 관여하기도 한 인물이었다. 어머니는 주부였지만 고등교육을 받았고 여장부에 가까웠으며 영어가 유창했다. 고다이라의 아내 세이코는 명문가인 이야나가 가문의 딸로 오빠 역시 유명한 수학자이며, 고다이라가 동경제대에서 수학과 이론물리학을 공부하던 시절 영향을 많이 끼친 인물이었다. 세이코의 오빠 중에는 카메라 회사인 니콘의 사장을 역임한 인물도, 동경대 일본사학과의 교수인 인물도 있다.

고다이라는 1938년 동경제대 수학과를 졸업한 뒤 1941년 물리학과를 졸업했다. 고다이라와 직접 관련이 없는 이야기이긴 하지만 당시 수학과 동기 중 한 명이 김지정이란 한국인이었다. 김지정은 대학원까지 마친 뒤 돌아와 경성제대(서울대의 전신)에 잠시 있다가, 해방 후 월북해 북한 수학의 기초를 세운 인물이었다. 아무튼 고다이라는 1944~1951년에 동경대 물리학과의 조교수를 지냈고, 1949년 「수학연보 50호(Annals of Mathematics, Vol. 50)」에 실린 '리만 다양체의 조화체(일반화된 포텐셜 이론)'을 박사 논문으로 써 수학 박사 학위를 땄다.

당시 고등연구소에는 초대 종신 교수로 초빙된 헤르만 바일이 있었다. 그는 가우스, 리만, 클라인, 디리클레, 힐베르트로 이어지는 괴팅겐 학파의 마지막 인물 중 하나였다. 취리히 대학에 있던 그가 자리를 비운 사이에 그 자리를 대신할 스승을 따라 라르스 알포르스가 유럽 수학의 중심지를 경험할 수 있었다는 이야기는 이미 앞에서 한 바 있다. 헤르만 바일은 그 이후 고등연구소로 옮겨 아인슈타인, 폰 노이만, 괴델 등과 여생을 보내게 된다. 아무튼 1913년 일찍이 『리만 곡면의 개념(The Concept of Riemann Surface)』을 출간해 복소다양체론의 연구

고다이라 쿠니히코(1915~1997).

에 기틀을 제공한 사람이 헤르만 바일이었다. 그는 지구 반대편의 일본이라는 나라에서 투고한 한 논문에 관심을 가졌고 급기야 1949년, 고다이라를 고등연구소로 초빙한다. 이때부터 고다이라는 18년간 미국에 체류하게 된다.

프린스턴 대학교의 도널드 스펜서도 고다이라의 논문에 관심을 가졌다. 그는 고다이라를 초빙해 논문의 강연을 부탁했고, 그 이후 둘은 친구이자 동료가 되었다. 그들은 열두 편의 논문을 같이 썼고 죽을 때까지 우정을 나누었다. 이들의 협력은 변형이론이라는 분야를 발전켰다. 이 분야의 모든 연구는 이들의 업적에 기초하고 있다. 그래서 그들이 다루지 않은 더 일반화된 함수조차도 사람들은 '고다이라-스펜서 함수'라고 부른다.

고다이라는 1961년까지 고등연구소와 프린스턴 대학교를 오가며 생활했는데 1961~1962년에 하버드 대학의 방문 교수를, 1962년에는 존스홉킨스 대학, 1965년에는 스탠퍼드 대학에서 교수직을 맡았다. 그러나 고다이라는 정년이 보장된 자리를 포기하고 1967년 조국의 후학들을 가르치기 위해 도쿄 대학으로 돌아간다.

고다이라의 주요 업적을 이해하기 위해서는 '다양체(manifold)'라는 개념에 대한 지식이 필요하다. 쉽게 말하자면 다양체는 유클리드 공간의 기하학적 성질을 이용해 수학적인 대상을 이해하려는 개념이라고 볼 수 있다. 유클리드 공간의 특징은 공간이 비틀려 있지 않다는 것이다. 구(공)가 실제로는 둥글지만 멀리서 보면 원으로 평평하게 보이듯, 혹은 지구 표면이 사람들에게는 평평하게 느껴지듯 어떤 기하학적 도형이 어떤 관점에서('국소적으로'라고 이야기한다) 유클리드 공간과 닮았다면 그것은 다양체라고 불린다. 이러한 다양체의 성질은 고차원의 공간이나 도형을 이해하는 데 중요한 역할을 한다.

물론 우리는 차원이라는 개념을 시각적(기하학적)으로 이해할 수도 있지만 대수적으로 이해할 수도 있고, 집합론의 관점에서 이해할 수도 있다. 예를 들어 구를 방정식으로 표현할 수도 있고, 점의 집합으로 이해할 수도 있는 것처럼 말이다. 그래서 대수방정식의 체계로 정리되는 대수적 다양체(실수, 복소수)가 존재하는데, 복소 2차원 (혹은 실수 4차원) 대수적 다양체의 분류는 귀도 카스텔누오보, 페데리고 엔리케스, 프란체스코 세베리 등 이탈리아 학자들의 연구 결과였다. 이들은 일반적인 유형의 표면에 대해서는 완전한 결과를 얻었지만, 비정규적인 표면에 대해서는 고다이라가 증명법을 찾을 때까지 해결되지 않았다. 고다이라는 이 업적으로 1954년 필즈상을 받았다. 그래서 2차원 대수 다양체의 분류 정리는 엔리케-고다이라 정리로 불린다.

그 뒤로 필즈상을 수상한 동양인들의 연구가 이 분야와 관련이 있다는 것도 매우 흥미롭다. 어쩌면 다양체의 분류와 연구는 놀라운 천재성보다는 끈기와 집중력이 필요한 분야인 것인지도 모르겠다. 고다이라 이후에도 여전히 복소 3차원(혹은 실수 6차원)의 대수적 다양체 연구는 어려움에 갇혀 있었는데 이 분류에 필요한 새로운 기법으로 필즈상을 탄 사람들이 히로나카 헤이스케(일본), 야우 신 퉁(중국), 모리 시게후미(일본)다. 이들은 각각 1970년, 1982년, 1990년에 필즈상을 수상했다. 히로나카는 다양체의 특이성을 특이성이 없는 다양체로 변환시키는 법을 보여 주었다. 야우는 칼라비-야우 다양체에 대한 연구를 했는데, 이것은 수학의 분류뿐만 아니라 물리학의 끈 이론에서 예기치 않은 응용력을 갖고 있음이 드러났다. 모리는 이러한 분류가 기초하고 있는 최소 모델 프로그램을 설명하고 증명함으로써 상을 받았는데, 이 수학은 특히 어려워 연구하는 사람이 매우 적다고 한다.

고다이라는 말년에 교육에 깊은 관심과 열정을 쏟았다. 추상적인 수학에서 재능을 보이고 업적을 남긴 대수학자이면서도 수학을 이해하지 못하는 어린 학생들의 입장에서 수학 교육론을 펼쳤던 것은 의외이기도 하다. 그가 쓴 책은 『게으른 수학자의 기록(怠け数学者の記)』(번역서 제목은 『수학이 살아야 나라가 산다』)이라는 제목을 갖고 있는데, 이것은 참 역설적이다. 왜냐면 고다이라가 눈부신 천재는 아니었을지

언정 어린 시절부터 수학에 재능을 보인 우수한 학생이었고, 매우 부지런하고 성실한 학자였기 때문이다.

20세기 후반 이후 (어쩌면 부르바키의 영향 아래서) 세계 각국의 수학 교육은 공리(公理)적 방법을 도입하였는데, 이는 예전의 방식에 익숙했던 교사와 학부모들로부터 매우 거센 비판을 받았다. 하지만 일반적인 정의와 공리를 도입한 뒤, 엄격한 수학적 증명법에 따라서 개별적인 정리를 하나씩 증명해 나가는 이 공리적 방법은 수학적 사고의 엄격함과 체계의 엄밀함을 가르칠 수 있는 최선의 방법으로 여겨졌다. 그리고 이것은 세계 수학 교육의 표준적인 방법론이 되었다.

고다이라가 실용적인 산술 계산 중심의 과거의 수학 교육으로 돌아가자며 새로운 수학 교육 방법론을 비판한 것은 아니었다. 그는 처음부터 엄격한 개념을 도입하는 것이야말로 학생들이 수학을 기피하고 이해하지 못하는 원인이라고 생각하며 이렇게 말했다.

> 수학 교육은 수학의 역사적 발전의 순서에 따라 이루어져야 한다고 생각합니다. 진보·발전하는 것의 전형은 생물이지만, 생물 개체의 발생은 그 계통의 발생을 되풀이한다고 합니다. 수학 교육도 마찬가지여서 논리적으로 기초적인 개념보다는 역사적으로 일찍 나타난 개념처럼 어린이들이 알기 쉬운 것은 없습니다.

적절한 시기에 적절한 것을 가르치는 것, 그것이 고다이라 자신의 학문의 태도가 아니었을까. 조용하고 과묵하면서도 항상 노력함으로써 꾸준히 업적을 남겼던 대수학자 고다이라는 1985년 정년 퇴임과 함께 울프상을 수상했고 도쿄 대학교 명예교수로 후학들을 가르치던 중 1997년 사망하였다.

♠ 수학 교육법

문명이 시작된 이후로 어느 사회나 필요한 산술적 계산을 하기 위해 직업적인 수학자들을 기르는 교육기관이 있었다. 이런 배경에서 본다면 서구 문명의 독특함이란 그리스 수학의 영향 아래서 『원론』의 기하학적 증명을 일반적인 필수 교양으로 가르쳤다는 데 있을 것이다. 하지만 19세기까지 유럽의 수학 교육은 『원론』을 크게 벗어나지 못했다. 앞에서도 보았지만 필즈상을 만든 찰스 필즈도 고등학교까지 『원론』으로 수학 교육을 받았던 것이다. 전문 수학자들의 수학 교육법도 크게 발달하지 못했던 것 또한 원인이었을 것이다. 고등수학을 공부하려는 사람은 오일러 등 과거의 대가들이 직접 쓴 책으로 수학을 공부했다.

초급 수학이건 고급 수학이건 수학 교육에 있어서 큰 혁신이 일어난 것은 20세기 중반 이후의 일이다. 프랑스의 의욕 넘치는 젊은 수학자들이 모여 만든 집단인 부르바키가 엄격한 형식주의를 채택한 고급 교과서들을 쓰기 시작했는데, 이 책들은 엄격하고 간결해서 교재로는 적절하지 못했다. 하지만 그럼에도 불구하고 마땅한 대학원 교재가 없었던 당시, 이 책들은 널리 사용되기 시작했다. 이와 더불어 중·고등학교 과정의 초급 수학에서도 실용적인 계산이나 전통적인 방식이 아닌 엄격한 공리주의적 방법이 도입되기 시작했다. 이 '새로운 수학'은 많은 사람들에게 충격을 주었는데 이언 스튜어트 같은 수학자는 당황하고 있는 학부모와 교사들을 위해 '새로운 수학'의 배경을 설명하는 『현대 수학의 개념들(Concepts of Modern Mathematics)』이라는 좋은 책을 쓰기도 했다.

하지만 교육적 관점에서 개념과 공리를 도입하고 정리를 증명해 나가는 이 방법이 과연 타당한 것인지에 대한 의문이 제기되기 시작했다. 1970~1980년대의 '새로운 수학'으로 인한 참극은 미국의 수학자 모리스 클라인이 『왜 조니는 덧셈을 못하는가(Why Johnny Can't Add)』『왜 선생은 가르치지 못하는가(Why the Professor Can't Teach)』와 같은 책을 써서 수학 교육의 문제점을 통렬하게 지적하는 사태를 불러왔다. 이미 수학은 공포스러운 과목의 대명사가 되어 버렸기 때문이다. 헝가리 출신의 수학자이자 수학철학자인 조지 폴리아는 『어떻게 문제를 풀 것인가(How to Solve

II)』를 통해서 질문을 던지고 스스로 수학을 발견하는 교수법의 도입을 주장했다. 흥미로운 것은 이렇게 '문제를 던지고, 스스로 개념을 만들고, 공식을 찾아가는 과정'에서 학생들은 종종 과거의 위대한 수학자들이 마주쳤던 문제와 동일한 상황에 놓인다는 것이다. 수학의 역사야말로 주어진 문제를 해결하기 위한 고민과 제안, 새로운 시도의 역사이기 때문이다. 문제와 맥락, 개념의 이해와 발견 후 체계화가 와야 한다면 수학사야말로 이런 살아 있는 수학 교수법의 풍요로운 원천이 될 것이다.

장 피에르 세르: 최연소 필즈상 수상자

일단 공식적인 학력과 경력부터 언급해 보자. 세르는 1945~1948년에 고등 사범학교에서 수학을 전공했고, 1948~1954년에는 국립과학연구소(Centre National de la Recherche Scientifique)에서 연구원으로 있었다. 그는 이 기간 동안 박사 학위 논문을 완성해 1951년 소르본 대학에서 박사 학위를 받았다. 세르는 1954년 만 27세의 어린 나이에 필즈상을 수상한 뒤 1956년 콜레주 드 프랑스(College de France)의 교수로 임용되어, 1994년 은퇴할 때까지 자리를 지켰다. 콜레주 드 프랑스는 프린스턴 고등연구소처럼 이미 명성을 얻은 석학이 수업이나 행정적인 의무로부터 벗어나 자유롭게 연구할 수 있도록 지원해 주는 연구 기관이다. 세르는 서른 살이 되기 전 콜레주 드 프랑스의 교수가 된 유일한 사람이었다. 그는 교수직을 맡은 후에도 15년 동안 최연소 교수로 일했다. 또한 그는 최연소 필즈상 수상자이며 존 톰슨과 함께 울프상, 아벨상, 필즈상을 모두 받은 인물이다.

이토록 성공적인 경력을 쌓은 수학자는 거의 없다고 할 정도로 그는 일찍부터 두각을 나타냈다. 약사 부부의 아들로 태어난 세르는 수

장 피에르 세르(1926~).

학을 좋아했던 어머니의 성향을 타고났는지 일고여덟 살 때부터 수학에 흥미를 느꼈다고 한다. 14~15세 때 어머니의 낡은 대학 수학 교과서(아주 낡은 19세기적 방법으로 쓰인 책이었다)로 미적분을 독학할 정도였다. 어릴 때부터 뛰어난 지적 능력을 보였던 세르 역시 정규 과정을 월반하는 영재에게 흔히 일어나는 일을 겪었다. 나이 많은 주변의 형들에게 괴롭힘을 당했는데, 그들을 달래기 위해서 수학 숙제를 대신해 주곤 했다고 한다.

그는 고등 사범학교에 진학할 때까지 수학으로 먹고살 수 있을 거라는 생각은 전혀 하지 못했다. 고등학교 교사를 희망했던 세르는 대학에 진학하고 나서야 전문 수학자로 사는 길이 있다는 것을 알았고, 그때부터 비로소 본격적으로 수학 연구자의 길을 걷기 시작했다.

1950~1960년대 세르의 주요 연구는 대수적 위상학과 대수적 기하학을 중심으로 이루어졌고, 필즈상 수상 역시 이 분야에서의 업적을 토대로 이루어졌다. '대수적 위상학'이란 말 그대로 대수적 방법론으로 위상학적 특성을 연구하는 학문이다. 여기서 잠깐 위상학이란 무엇인지 살펴보자.

좀 쉽게 표현하자면 위상학이란 '불변의 성질'을 탐구하는 수학 분야이다. 이것은 우선 기하학적인 문제에서부터 시작되었다. 유명한 오일러의 문제로부터 말이다. 기하학적 표면의 변과 면, 꼭짓점 사이의 관계는 이미 데카르트와 라이프니츠도 알고 있었던 것이지만 이에 대한 수학적 연구가 본격적으로 시작된 것은 쾨니히스베르크의 다리 건너기 문제에서부터 비롯된 오일러의 연구에 의해서였다. 다면체의 꼭짓점 V와 모서리 E, 그리고 면 F 사이에는 $V-E+F=2$ 라는 공식이 항상 성립한다. 재미있는 것은 이 공식이 구의 표면에 그려진 도형에서도 성립한다는 것인데, 이렇게 변형을 하더라도 불변하는 성질이 바로 '위상학적 특성'이다. 그래서 위상학자들을 가리켜 커피 잔과 도넛을 구별하지 못하는 사람들이라고 농담하기도 하는데, 커피 잔과 도넛 둘 다 위상학적으로 같은 모양이기 때문이다.

$V-E+F$의 값은 항상 그 모양이 그려진 표면의 유형에 의해서 달라진다. 예를 들어 뫼비우스의 띠와 구면, 클라인 병(Klein's bottle)에 그려진 도형들은 이 값이 서로 다르다. 따라서 닫힌 2차원 표면에 그려진 도형에 대해서 $V-E+F$의 값을 구하면 그 표면의 입체적인 특성에 대해서도 알 수 있게 되는 것이다. 리만, 뫼비우스, 펠릭스 클라인의

노력을 통해서 2차원의 닫힌 표면은 모두 분류되었다.

푸앵카레는 오일러의 방식을 3차원 이상의 표면으로 확장하였다. 푸앵카레의 방식은 간단하게 주어진 표면에서 고정점을 선택한 뒤 이 점에서 출발해서 다시 이 점으로 돌아오는 닫힌 경로를 고려하는 것이라고 설명할 수 있다. 위상학적으로 같은 경로인 경우, 이와 같은 것을 '호모토피(homotopy)'라고 부른다. 예를 들어 공 위에 원을 그리고 이 원을 연속적으로 변화시키다 보면 하나의 점으로 축소시킬 수 있다. 이 경우 구의 표면에서 원은 점과 호모토피적 관점에서 같다고 볼 수 있다. 이러한 호모토피의 개념을 정초하고 발전시킨 것이 바로 세르다.

세르의 학문적 업적과 발전을 이야기할 때 우리는 부르바키를 간과할 순 없다. 세르를 대수 위상학의 세계로 안내한 사람은 부르바키의 창시자 중 한 명인 앙리 카르탕이었다. 또한 세르는 후배인 그로텐디크와 함께 공동으로 연구하면서 위상학의 연구를 더 심화시켰다. 세르는 부르바키의 중심인물로서 부르바키의 엄격하고 형식적인 수학적 정식화를 높은 추상의 수준으로 끌어올리는 데 크게 기여했다. 하지만 부르바키의 성향에 대해서는 내부 비판자의 역할을 수행한 것으로 알려져 있다. 세르 자신의 관심사가 달라진 것도 이유였지만 엄격함과 자유로움이 조화를 이루어야 한다는 세르의 견해가 부르바키의 보수성과 충돌한 탓도 있었다.

훗날 부르바키의 역할에 대한 질문을 받았을 때 그는 부르바키는 수학적 형식화와 조직화에 있어서 필요한 역할을 했다고 말했다. 또한 성공적인 결과를 이끌어 냈기 때문에 자신의 역할은 끝났다고 말했다. 물론 그들의 연구 중 몇몇은 오류였지만. 세르는 부르바키의 학자들이 쓴 책뿐만 아니라 그들이 광범위한 수학적 문제를 활발하게 논의했던 세미나의 가치와 역할도 함께 보아야 한다고 지적했다. 비록 정식으로 출간된 책들이 교육적 목적에서 볼 때 지나치게 엄격한 서술 방법을 쓰고는 있지만 대조적으로 부르바키의 세미나는 훨씬 더 생기 있고 자유로웠다. 이는 아마도 세르가 지키고 싶었던 부르바키의 활력이기도 했을 것이다.

세르의 이런 태도는 그에 관한 일화에서도 잘 드러난다. 그의 동료들이 세르에 대해 지적하는 것 한 가지는 그가 전혀 수학 연구를 하지 않는 것처럼 보인다는 것이었다. 그는 탁구를 치거나 신문을 읽거나 잡담을 하고 있을 뿐, 책상 앞에 앉아서 연구했던 적이 거의 없는 것처럼 보이는 사람이었다. 하지만 재미있는 것은 그의 아내(화학자였다)는 세르가 항상 수학 연구를 하는 것에 불만을 늘어놓았다는 사실이다. 도대체 언제 연구를 하느냐는 질문에 세르는 이렇게 대답했다. "밤에, 반쯤 졸면서 합니다."

♠ 위상학적 불변량과 분류 정리

위상학은 직관적으로 쉬우면서도 어렵다. 도넛과 커피 잔이 같다는 이야기라면 매우 직관적이고 쉽게 느껴지지만, 막상 따지고 들면 '같다'라든가 '변하지 않는다'라는 개념이 실은 매우 추상적인 것이기 때문이다. 그래서 이 같음과 다름을 따질(계산할) 수 있는 도구를 개발해서 사용하는 것이 수학이다. 앞에서 본 V−E+F의 값이 그렇다. 2차원 곡면(말하자면 3차원 표면에 그려진 2차원 도형)의 모양에서 V−E+F의 값을 구하면 구멍이 몇 개 뚫려 있는지 알 수 있다. 구의 표면과 도넛과 같은 원환체(토러스)의 표면에 그려진 도형은 V−E+F의 값이 다르기 때문에 위상학적 성질이 다른 것이다.

이렇게 불변하는 양을 통해 '같은 위상공간'과 '다른 위상공간'을 구별하며, 이것이 확장되면 위상학적 공간의 분류가 된다. 이렇게 수학에서 한 분야에 속하는 대상들을 일정한 기준으로 유형화시키는 '분류 정리'는 매우 자주 등장하며, 어떤 분야에서건 기본적인 내용을 이루고 있다. 고다이라의 경우 2차원 대수다양체의 분류에 성공함으로써 필즈상을 받았다. 많은 학자들이 매달린 단순군의 분류 등 필즈상을 받은 여러 업적들은 이렇게 분류 정리를 완성시키는 것과 깊은 관련을 맺고 있다.

제4회(1958년)_ 로스와 통

클라우스 로스: 소수와 정수론

클라우스 로스는 독일의 브레슬라우(현재는 폴란드 영토)에서 태어난 독일인이지만 어린 시절인 1939년 영국으로 건너가 교육을 받았다. 그는 1943년 케임브리지 대학교에서 학사 학위를 받은 뒤 몇 년간 소년 학교에서 수학을 가르치기도 했다. 그는 1946년 다시 대학으로 돌아와 1948년에 석사 학위를, 그리고 1950년에 박사 학위를 받았으며 1956년에 강사가 된 뒤 1961년에 교수가 되었다. 그의 놀라운 연구 업적은 강사 생활 당시에 이루어졌는데, 주요 연구 분야는 정수론이었다.

클라우스 로스(1925~).

앞에서도 종종 등장했지만 수론은 수학에서 가장 오래되고 사랑받는 분야 중 하나이다. 그것은 우리가 수에 대해 매우 익숙하기 때문이기도 하지만 수론이 갖고 있는 심오함 때문이기도 하다. 우리는 흔히 학교에서 자연수로부터 출발해 정수와 분수(유리수), 그리고 분수로 나타낼 수 없는 무리수를 배운 뒤 유리수와 무리수를 합쳐 실수에 대해 배운다. 그리고 제곱하면 -1이 되는 허수를 도입함으로써 복소수를 배운다. 보통 교육 과정에서는 이렇게 복소수가 난해한 듯 보이지만, 실제 수학 연구에서는 복소수의 성질을 연구하는 것이 가장 쉬우며, 정수의 연구는 매우 어렵다. 특히 소수에 관해서는 수백 년 동안 풀리지 않은 많은 난제들이 숨어 있기도 하다.

정수론을 흥미롭게 하는 것은 방정식이나 복소함수 등 수학의 다른 분야와 정수의 성질이 밀접한 연관이 있음이 밝혀질 때이다. 예를 들어 디오판토스 방정식(Diophantine equation)은 계수가 모두 정수인 방정식을 의미하는데, 이 방정식이 정수해를 가지는 조건을 탐구하면서 새로운 수학적 발견이 이루어지곤 했다. 페르마의 정리도 디오판토스 방정식의 특수한 경우의 수라고 할 수 있다.

대수적 수와 초월수의 구분도 방정식을 정수론에 적용할 때 나오는 개념이다. 계수가 유리수인 다항방정식의 해가 될 수 있는 수가 바로 대수적 수이며, 유리수 계수의 다항방정식의 해가 될 수 없는 수가 바로 초월수이다. 대표적인 초월수로는 바로 원주율 π, 오일러 상수 e가 있다. 우리는 매우 특수한 경우의 초월수만 알 뿐이지만 사실 유리수보다는 무리수가 더 많고, 무리수 중의 대다수는 초월수라는 사실도 밝혀졌다. 즉 어떤 실수의 구간을 구하더라도, 예를 들어 0과 1사이의 모든 수를 다 따져 본다면, 그 사이의 수 대부분은 초월수이다.

최초의 초월수는 1944년 조제프 리우빌에 의해서 발견되었다. 그의 이론은 대수적인 무리수, 즉 초월수가 아닌 무리수는 유리수의 근사값으로 나타낼 수 없다는 것에서 출발한다. n차 다항식의 무리수 해를 분자가 q인 유리수의 근사해로 나타낸다면 최소한 $1/q^n$의 오차가 생긴다. 따라서 초월수를 구성하는 것은 유리수로 충분히 근사적으로 나타낼 수 있는 비주기적인 무리수를 구성하는 것과 같다. 그가 발견한 초월수는 이렇다.

$$\sum_{0}^{\infty} 10^{-k!} = 0.110001000000000000000001000\cdots\cdots$$

이러한 초월수의 성질에 대한 연구에서 클라우스 로스는 대수적 무리수에 근사하는, 분자 q를 가지는 모든 분수는 최소한 2보다 큰 모든 실수 2+에 대해 $1/q^2$+의 오차를 가진다는 사실을 증명했다. 이 결과로 인해 로스는 1958년 필즈 메달을 획득했다.

그는 유니버시티 칼리지, 임페리얼 칼리지 등에서 교수로 재직하다 은퇴했다. 로스는 2010년 현재 생존해 있는 최고령의 필즈상 수상자이기도 하며, 1983년에는 런던 수학회의의 '드 모르간 상'을 수상했다. 이 상은 1884년부터 3의 배수가 되는 해 1월 1일에(즉 3년마다) 영국에 거주하고 있는 수학자를 대상으로 시상이 이루어진다. 첫 수상자는 고등학생이라면 알 수 있을 '케일리-해밀턴 정리'의 아서 케일리였고 펠릭스 클라인, 고드프리 하디, 리틀우드, 모델, 최근의 로저 펜로즈 등 저명한 영국 수학자들이 이 상을 받았다. 이 상을 받은 다른 필즈상 수상자로는 마이클 아티야가 있다.

♠ 수를 센다

초월수가 대수적 무리수보다 많다거나, 무리수가 유리수보다 많다고 하는 것은 어떤 의미일까. 이 이야기를 위해서 우리는 칸토어의 위대한 업적을 알고 넘어갈 필요가 있다. 갈릴레이는 이미 무한집합의 한 가지 역설을 발견했는데, 이는 바로 자연수 전체와 짝수 전체의 개수가 서로 같다는 사실이었다.

1 2 3 4 5 ……

2 4 6 8 10 ……

분명 우리가 아는 한 어떤 자연수 n을 생각해도 1부터 2n까지의 자연수가 2n개인 반면 짝수는 n개뿐이다. 그러나 갈릴레이처럼 위와 같은 식으로 수를 나열하면 분명히 자연수 전체와 짝수 전체는 일대일 대응이 된다. 이것은 자연수 전체의 집합이 무한집합이기 때문에 가능하다. 칸토어는 여기서 일단 무한의 종류를 생각해 보기로 하였다. 그는 자연수 전체와 일대일 대응을 할 수 있는 모든 집합을 셀 수 있는 집합(가산집합)이라고 부르기로 하고 그 집합의 크기(농도)를 알레프-0이라고 이름 붙였다.

놀라운 것은 유리수 전체의 집합이 자연수 전체의 집합과 같은 농도를 지닌다는 것이었다! 0과 1 사이에 자연수는 존재하지 않지만, 유리수는 무한히 존재하는데도 말이다. 칸토어는 분자와 분모를 순서대로 차례로 배열하면 이것은 '모두 셀 수 있는' 형태가 된다는 점에 착안해 이른바 '대각선 논법'을 만들었고, 이 대각선 논법을 사용해 '무리수는 셀 수 없다'는 것을 또 한 번 입증했다. 이 셀 수 없는 집합은 비(非)가산집합이 된다.

그런데 흥미로운 것은 유리수 계수로 이루어진 다항식의 해가 될 수 있는 수인 대수적 수와 초월수 사이의 관계도 이 가산집합과 비가산집합의 개념으로 풀어낼 수 있다는 것이다. 대수적 수는 가산집합인데, 가산집합과 가산집합을 합친다고 해 봤자 가산집합밖에 되지 않는다. 따라서 대수적 무리수를 포함한 무리수 전체가 비가산집합이 되려면 초월수는 비가산집합이 되어야 한다.

르네 통 : 위상수학에 빠진 겸손한 학자

르네 통은 '카타스트로피 이론(Catastrophe theory, 파국 이론)'이라는 매우 독창적인 방법으로 유명해졌다. 이것은 연속적인 변화가 불연속적인 결과를 낳는 위상적 구조에 대한 연구로 순수수학이라기보다는 응용수학 분야에서의 성과로 여겨진다. 통은 말년에 카타스트로피의 구조를 통해 과학의 인식론적 철학적 문제에 대해 더 많은 발언을 하긴 했지만, 연구의 기본과 출발점은 위상수학, 특히 미분 위상학 분야였다.

상인의 자식으로 태어나 제2차 세계대전의 어려움 속에서도 고등 사범학교에서 수학을 공부했던 통은 세르처럼 앙리 카르탕을 통해 위상수학에 입문했다. 그는 미국에 잠시 들렀을 때 고다이라와 교류했는데, 각기 방법과 구체적인 주제는 다르지만 이들은 유사한 시기에 위상학적 연구를 통해 얽혀 있었다. 연관된 주제로 필즈상을 수상한 것은 20세기 중반 수학의 흐름을 보여 주는 것이기도 하다. 통의 연구는 앞서 소개한 호모토피 군의 연구와 관련이 있었다. 이해하기는 어렵지만 간단하게 설명해 보겠다.

러시아 수학자인 폰트랴긴은 어떤 조건하에서 콤팩트한 n차원 표면이 어떤 n+1차원 표면의 경계(boundary)가 될 수 있는지를 결정해야 했다. 그가 발견한 이 조건이 충분하다는 것을 입증한 것이 바로 1954년 르네 통이 밝힌 코보디즘 이론(Cobordism theory)이다. 이로 인해 르네 통은 1958년 필즈상을 받는다.

그러나 고등 사범학교 당시 '훌륭하지만 그렇게 똑똑하지는 않다'라는 평가를 받았던 통은 자신이 뛰어난 사람이라거나 훌륭한 업적을 세웠다고 생각하지 않는 성향이 있었다. 그는 자신보다 훨씬 더 심오하고 위대한 업적을 남긴 사람들이 있는데도 단지 조금 앞서 발표했다는 이유로 상을 받는 것은 부적절하다고 스스로 생각했다. 하지만 그에게 필즈상을 시상한 수학자 호프가 말했듯이 통의 업적은 매우 직관적이면서도 간결하고 풍성한 것으로, 깎아내릴 수 있는 것은 아니었다.

필즈상을 받은 이후 통은 좀 더 자유롭게 자신이 중요하다고 생각

르네 통(1923~2002).

하는 문제를 선택해서 집중할 수 있는 여유가 생겼다. 특히 그로텐디크와의 만남은 그가 방향을 전환하게 되는 결정적인 계기가 되었다. "그로텐디크와의 관계는 그리 만족스러운 건 아니었지만 그의 우월함은 압도적이었다. 그의 세미나는 파리의 모든 수학자들을 매료시켰지만 내게는 그들에게 내세울 새로운 것이 없었다. 나는 그로 인해 엄격한 수학의 세계를 벗어나 좀 더 일반적인 개념의 세계로 나아가게 되었다." 통은 이렇게 회고했다.

　이후로 통은 생물학에서부터 사회에 이르기까지 나타나는 형태 변화를 수학적으로 다룰 수 있는 방법을 모색하고, 카타스트로피 이론을 제시하였다. 1972년 발표된 『구조적 안정성과 형태 변이(Structural Stability and Morphogenesis)』는 그 노력의 역작이다. 그러나 지식계에 큰 충격을 주었던 카타스트로피 이론은 사실 만족스러운 것이 아니었다. 카타스트로피란 이름 그대로 급격한 변화를 기술하는 새로운 관점은 제시했지만, 정작 과학적 이론으로서 갖추어야 할 정량적 예측을 할 수 없는 이론이었던 것이다. 그는 결국 다른 수학자들의 비판적인 연구를 통해 자신의 이론이 실패로 끝났다는 결론을 받아들였다. 카타스트로피 이론의 종말은 수학자로서의 실패를 뜻할 수 있을지도 모른다. 하지만 대수적 위상학이나 미분기하학에 남긴 그의 업적이 폄하되거나, 철학적이며 자유로운 사색가였던 통의 영향력이 무의미해지는 것은 아니었다.

그는 이렇게 말했다. "누군가가 계산을 하고 있다면, 다른 누군가는 꿈을 꾸어도 좋지 않겠는가?" 수학의 세계를 떠나 더 넓고 자유로운 세계를 보려 했던 통은 자신의 생애 마지막 20년을 온전히 과학과 인식론에 바친 철학자로 살았다.

♠ 수학에서의 직관과 논리

다비트 힐베르트는 수학에는 두 종류의 경향이 있다며 이렇게 언급한 적이 있다.

한편으로 추상을 향한 경향이 있는데, 연구 대상에 내재하고 있는 논리적인 관계를 명쾌하게 정리하며 이 자료들을 체계적이고 질서 있는 방식으로 상관하려고 한다. 다른 한편으로는 직관적 이해를 향한 경향이 있는데, 연구 대상을 좀 더 직접적으로 파악함으로써, 말하자면 살아 있는 관계를 맺고 싶어 한다.

르네 통은 스승인 앙리 카르탕을 비롯해 형식주의적이고 엄격하며 논리적인 부르바키로부터 많은 것을 배웠다. 하지만 아주 자유롭고 자유분방한 기하학적 직관의 소유자인 그는 이러한 연구 경향에 완전히 동조할 수 없었다. 결국 타고난 직관적 경향으로 인해 그는 부르바키, 더 나아가 수학을 떠나게 되었다. 앞서 언급한 "어떤 이가 계산을 한다면 다른 사람은 꿈을 꾸어도 좋지 않겠는가?"라는 그의 말은, 온전히 수학적 엄격성 안에만 갇혀 있을 수 없었던 창조적 정신의 억눌림을 표현한 것이었을지도 모르겠다.

흥미로운 것은 현란하면서도 모호하고 난해한 글쓰기로 악명이 높은 프랑스의 철학자 자크 데리다가 1992년 케임브리지에서 명예박사 학위를 받았을 때 통이 보인 태도였다. 당시 영미의 철학자들이 학술적인 엄밀함과 명료함이 떨어진다는 이유로 (영향력이 아무리 많다 해도) 데리다의 박사 학위를 인정하기 어렵다는 항의를 했을 때, 통은 여기에 동참해 서명했다. 그 스스로 수학의 한계를 벗어나는 작업을 했지만 강단 철학의 한계를 벗어나는 글쓰기는 받아들일 수 없었던 것일까. 아니면 아무리 직관이 자유롭다고 하더라도 결국 엄격한 논리에 의해 뒷받침되지 않는다면 소용없다는 수학자의 본성을 벗어나지 못한 것이었을까.

제5회(1962년)_ 회르만데르와 밀노어

라르스 회르만데르 : 현대 해석학의 주역

회르만데르의 자전적 회고에 따르면 그는 남부 스웨덴의 작은 어촌에서 교사의 자녀로 태어났다. 작은 마을이었던 그곳에서 초등교육을 마친 뒤 회르만데르는 더 큰 도시로 나아가 김나지움을 다녔다. 그가 입학한 김나지움은 교과 과목의 부담을 축소하는 실험적인 시도를 하고 있었는데, 학교 공부의 부담 없이 좋아하는 공부에 집중할 수 있었던 게 자신에게는 행운이었다고 한다. 그가 수학을 좋아한다는 사실을 알았던 수학 교사는 미리 대학 수학을 공부해 보라고 권했고, 그는 자연스럽게 수학과로 진학하게 되었다.

라르스 회르만데르(1931~).

학자로서 회르만데르의 일생은 비교적 단조로웠고 특정한 것에 집
중되었다. 스웨덴에서 모든 학위를 마친 뒤 교류를 위해 잠깐씩 미국
에 들르긴 했으나, 결국 그는 모국인 스웨덴에서 교수직을 시작했다.
1962년 스웨덴 스톡홀름에서 개최된 수학자대회의 조직위원회에서
행사를 준비하던 그는 자신이 필즈상 수상자로 선정되었다는 이야기
를 듣고 꽤 놀랐다고 한다. 그는 필즈상을 받은 뒤에도 미국과 스웨덴
을 오가며 연구와 강의를 계속했다. 회르만데르의 주된 연구 분야는
해석학, 특히 선형 편미분방정식이었고 이 분야에서 이룩한 업적으로
필즈상을 받게 되었다.

우리는 이미 해석학과 함수론 분야에서 업적을 남긴 필즈상 수상
자를 만나 보았다. 예를 들어 앞서 등장한 로랑 슈워츠의 분포 개념

은 함수를 일반화시킨다. 분포 이론은 이전까지는 다루기 힘들었던 많은 초함수들을 미분하는 새로운 기법을 도입하였다. 이러한 혁신은 기존의 문제들을 새롭게 풀어낼 수 있는 방법으로 이어지곤 한다.

이 분야는 특히 응용과 깊은 관련이 있다. 예를 들어 물리학에서 쓰이는 라그랑지안 함수(Lagrangian function)의 해가 가지는 성질에 대해 물었던 힐베르트의 19번째 문제는 회르만데르의 업적과 깊은 관련이 있기도 하다. 이 문제를 해결하는 과정에서 1904년 세르게 베른슈타인은 타원 연산자(작용소)라는 개념을 도입했다. 연산자란 함수를 다른 함수로 변환시켜 주는 함수를 가리키는 것으로 해석학에서 중요한 도구로 쓰인다. 앞서 등장한 슈워츠는 이 개념을 미분 연산자(작용소)로 확장시켰고, 회르만데르는 준타원 연산자(작용소)를 도입하여 이것을 더욱 일반화시켰다. 앞서 등장한 편미분이란 변수가 여러 개 있을 때 하나의 변수를 제외한 다른 변수들을 모두 상수로 간주하고 미분하는 것을 말한다. 이는 주로 물리학이나 공학 등 응용 분야에서 매우 중요하게 사용되는 수학적 테크닉인데, 새로운 연산자의 도입 등을 통해 편미분방정식의 현대적인 이론을 정립한 사람이 바로 회르만데르였다. 그는 1988년 현대 해석학의 기본적인 토대를 세운 공로로 울프상을 수상했다.

♠ 수학자의 성격

라르스 회르만데르는 가끔 미국을 방문하는 것 외에는 줄곧 모교의 교수로 머물면서 고국을 벗어나지 않았다. 조용하고 안락한 것을 선호하는 그는 매우 꼼꼼한 성격이기도 했다. 회르만데르는 스웨덴의 위대한 수학자였던 미타그 레플러를 기리는 연구소의 소장직을 오래 맡았는데, 연구소 뜰의 잔디를 직접 손질하고 모든 시계를 똑같이 맞추어 동시에 벨이 울리도록 했다고 한다.

사람들이 생각하는 전형적인 수학자의 이미지가 이렇지 않을까. 과학자라면 흰색 가운을 입고 실험에 미쳐 있다든가, 수학자라면 숫자에 집착하고 좀스럽다든가. 실제로 뇌를 연구하는 연구자들 중에는 체계화와 논리, 계산을 다루는 능력이 자폐증이나 아스퍼거 증후군과 같은 정신질환과 깊은 관련이 있다는 주장을 내놓는 이들도 있다. 하버드 대학의 심리학자 배런 코엔은 자폐증을 다룬 그의 책에서 필즈상을 받은 수학자 보셔즈를 사례 연구의 대상으로 삼기도 했다. 그러나 수학자들에 대한 이런 종류의 심리학적 연구에 대해 영국의 대수학자 마이클 아티야는 한 리뷰를 통해, 많은 수학자들을 만나 본 자신의 경험에 따르면 수학자들의 인성에 대한 지나친 일반화는 근거가 없는 것이라고 비판하기도 했다.

존 밀노어: 7차원의 기괴한 공간

같은 해에 필즈상을 수상했지만 비교적 평온하고 기복 없는 삶을 살았던 회르만데르에 비해 밀노어는 이미 학창 시절부터 전설적인 존재였다. 그의 업적 중 매듭 이론에서의 페어리-밀노어 정리의 증명이 있는데, 이것은 그가 프린스턴 대학교 학생일 때 발견한 것이었다(그는 스무 살에 프린스턴 대학을 졸업했다). 여기에는 전설적인 이야기가 전해진다.

수업에 늦은 밀노어는 교수가 칠판에 써 놓은 세 개의 문제를 보았다. 이미 교수는 칠판의 문제와는 관계없는 내용으로 수업을 진행하고 있었기에 그는 아무렇지도 않게 그 세 개의 문제를 노트에 적었다. 다음 주 수업에서 밀노어는 과제 세 문제 중 두 문제는 풀었지만 나머지 한 문제는 어떻게 해도 풀 수가 없었다고 말하며 문제를 푼 종이를

존 밀노어(1931~).

제출했다. 같은 수업을 듣던 학생들과 담당 교수는 모두 이를 보고 경악했다. 그 문제들은 지난주에 수업을 시작하며 소개한 매듭 이론 분야에서의 대표적인 미해결 난제였기 때문이다!

학부와 대학원을 서로 다르게 선택하도록 하는 일반적인 분위기와는 달리 밀노어는 학부부터 대학원까지 계속 프린스턴을 다녔고, 박사 학위 과정을 다 끝내기도 전인 (그것도 학부 졸업 2년 만인) 1953년에 교원으로 임용되었다. 하지만 그리 놀라운 일이라고 할 수는 없었다. 종종 천재에게는 예외가 허용되기 때문이다. 예를 들어 일반인들을 위한 교양서로도 유명한 하버드 대학교의 베리 메이저의 경우 중학교 졸업 이후에는 박사 학위 외에 아무런 학위도 없는 것으로 유명하다. 그는 고등학교를 마치기 전에 대학에 특별 입학했고, 대학을 다니던 도중 대학원으로 특별 입학해 석사 과정을 건너뛰고 박사 학위 논문을 썼다.

밀노어는 1954년 박사 논문을 끝낸 뒤 빠르게 성공적인 커리어를 쌓았고 29세인 1960년에는 교수가 되었다. 그리고 2년 뒤 7차원 공간에 대한 연구로 필즈상을 받았는데, 그의 연구는 미분 위상학이라는 새로운 분야의 탄생을 가져왔다.

리만 기하학의 탄생 이후 리만 다양체의 미분 구조에 대한 연구가 이루어졌다. 우리는 이미 알포르스의 업적을 살펴보면서 그 일부를 약간 맛보기도 했다. 밀노어는 7차원 공간의 다양체적 성질, 즉 미분 가능한 구조를 연구하면서 7차원이 다른 차원과는 달리 매우 다양한 미분 가능한 구조를 허용한다는 사실을 증명했다. 이 예상치 않은 결과로 이 기괴한 공간(밀노어가 붙인 이름이다)에 대한 미분 위상학의 새로운 영역이 개척되었고, 이 업적으로 밀노어는 1962년 필즈상을 수상했다.

미분 위상학이라는 이름이 낯설지 않을 텐데, 이것은 앞서 르네 통의 연구 성과를 설명하면서 등장한 이름이기도 하다. 밀노어는 통의 코보디즘 이론을 가져와 미분 위상학이 본격적으로 개화할 수 있도록 하는 중요한 역할을 수행했다.

밀노어는 또한 대수기하학에서도 업적을 남기고 있다. 그는 대수적 K 이론에서 밀노어 K군을 정의하였는데, 이것은 이 분야의 모티빅 코호몰로지론에서 매우 중요한 연구 주제가 되었다. 또 2002년 보에보트스키가 필즈상을 받은 업적 중에는 대수적 K 이론에서 밀노어가 던진 가설(밀노어 가설)에 대한 연구가 포함되어 있었다.

♠ 매듭 이론

역사적으로 가장 유명한 매듭은 아마도 알렉산드로스 대왕이 단칼로 끊어 버렸다는 고르디아스의 매듭일 것이다. 그러나 매듭을 수학적으로 연구하기 시작한 것은 겨우 100여 년 전의 일이며, 매듭 이론의 수학적 연구가 수학 바깥의 분야에서도 매우 큰 응용력을 지닌다는 것이 밝혀지기 시작한 것은 얼마 되지 않는다.

유명한 소설가 커트 보네거트가 쓴 『고양이 요람(Cat's Cradle)』이라는 작품이 있는데, 이 '고양이 요람'이란 실은 우리가 하는 실뜨기 놀이의 영어식 이름이다. 이 실뜨기 놀이는 아무리 모양을 복잡하게 만든다고 해도 궁극적으로는 하나의 고리로 풀어져 버린다. 이런 성질을 '매듭 불변량'이라고 한다. 하지만 한 번 꼬아 놓은 매듭은 어떤 식으로 풀어도 하나의 고리가 될 수 없다. 보이스카우트 단원이라면 오른 매듭과 왼 매듭을 구별할 줄 알아야 하지만, 수학적으로 이러한 매듭의 차이를 적절하게 분류하는 것은 그리 쉬운 문제는 아니었다. 20세기 중반 이후로 매듭 이론은 대수 위상학의 발전과 함께 새로운 단계를 만나게 되는데 밀노어, 보언 존스, 콘세비치, 위튼 등 적지 않은 필즈상 수상자들이 매듭 이론의 연구 및 응용과 관련된 업적을 남겼다.

최근 매듭 이론은 생물학(DNA의 절단과 재접합), 물리학(양자장론), 암호학 등 다양한 분야에서 활용되며 응용수학에서 매우 중요한 주제로 간주되고 있다.

Part 2

1960~1990년대 수상자들

6회부터는 규정이 바뀌어 2~4명으로 수상자의 수가 조정되기 시작하면서 수상자 수가 늘어났다. 이 시기부터는 수상자 대부분이 살아 있고 현직에서 여전히 활동 중이다. 최근의 수상자들로 그 대상을 좁히면 30~40대의 활발한 수학자들도 많다. 수학자들은 다른 분야의 학자들에 비해 더 오래 살고, 더 오래 학문 연구를 하는 경향이 있다(오래 살고 싶으면 수학 공부를 하라고 추천하고 싶을 정도이다). 그러다 보니 그들의 생애나 업적에 대해 정리하거나 소개하는 자료들이 아직 제대로 쌓이지 않은 경우가 대부분이다.

이 시기부터는 특정한 하나의 업적이 아니라 다양한 업적들을 묶어서 가장 주목할 만한 활동을 한 젊은 수학자들에게 상을 주는 경향이 생기기 시작했다. 1960년대 이후부터는 간략하게 특별한 사항을 중심으로 수상자들과 그들의 업적을 소개하도록 하겠다.

 제6회(1966년)_ 아티야, 코엔, 그로텐디크, 스메일

마이클 아티야 : 영국의 지도적인 수학자

마이클 아티야 경(Sir)은 '경'이라는 작위를 받은 것에서도 알 수 있듯이 20세기 전반의 고드프리 하디과 비견할 만한 유일한 영국의 수학자일 것이다. 하디가 20세기 전반 영국의 지도적인 수학자 역할을 했다고 한다면 20세기 후반에는 아티야가 있었다. 비록 하디의 수학 분야가 좁기는 하지만 하디가 리틀우드나 라마누잔 등과의 공동 연

마이클 아티야(1929~).

구를 통해 업적을 남긴 것과, 아티야 역시 동료 수학자들과 공동 작업을 통해 연구를 진행하는 것을 선호했다는 점에서 굳이 둘의 유사함을 찾을 수도 있을 것이다.

레바논 출신의 작가인 아버지와 스코틀랜드인 어머니 사이에서 태어난 아티야는 어린 시절 수단, 이집트 등 다양한 나라를 돌아다니며 성장했다. 케임브리지 대학에서 수학을 전공한 그는 옥스퍼드 대학의 교수가 되었고, 프린스턴 고등연구소를 거쳐 다시 영국으로 돌아와 여러 대학의 학과장과 학장을 거쳤다. 그의 주된 연구는 대수 위상학에서 시작되었고 이 분야에서의 업적으로 필즈상을 받았지만 미분방정식, 대수기하학, 미분기하학, 해석학 등 다양한 분야에 매우 많이 공헌했다.

아티야의 업적을 이야기할 때 주목해야 할 것은 다양한 분야와 공동 연구이다. 그가 필즈상을 수상할 때 공식적인 수상 이유는 세 가지였다. 대수 위상학에서의 K 이론, 복소다양체에 관한 지표 정리, 그리고 고정점 정리. 이 모두가 다른 사람들과의 공동 연구였다는 것이 아티야의 연구에 독특한 성격을 부여한다. 아마도 아티야를 비교할 만한 다른 현대 수학자로는 에르되시 정도가 있을 듯하다.

헝가리 인 에르되시는 평생 결혼도 하지 않은 채, 뚜렷한 직장도 갖지 않고 전 세계를 떠돌아다니며 동료들과 수학 세계를 공유했던 수학의 구도자이자 방랑자였다. 그는 평생 500여 명의 수학자와 공동 논문을 썼다(이들에게는 에르되시 넘버 1이 부여되어 있다. 이 저자들과 공저한 경우 에르되시 넘버 2가 부여된다). 이에 필적하기는 불가능하겠지만 아티야의 주요 공동 연구자는 7~8명 이상으로 적은 편은 아니었다. 에르되시나 아티야는 혼자서 풀리지 않는 문제를 골몰하는 것보다는 대화와 교류를 통해서 아이디어를 얻고 발전시키는 유형의 연구자라고 할 수 있다. 현대 수학은 방대한 지식 때문에 점점 더 이러한 공동 연구가 주를 이루는 추세인데, 누구보다도 다양한 분야에 대해 관심을 갖고 있던 이들은 공동 연구 경향을 선도하는 학자가 될 수밖에 없었다고 하겠다.

아티야의 업적에서 두 번째로 특기할 만한 것은 (순수수학을 강조한 하디와는 달리) 그의 수학 연구가 물리학과 깊은 관련을 맺으며 진행되었다는 것이다. 그의 지표 정리는 르네 통의 연구와 깊은 관련을 맺는 두 가지 필즈상 수상 업적 중 하나로 호모토피, 코보디즘 등 위상수학의 한 분야이다(다른 하나는 밀노어의 기괴한 공간 연구였다). 하지만 이것은 회르만데르의 업적을 설명할 때 나왔던 해석학적 주제인 타원 연산자와 관련이 있는 주제이기도 하다. 즉 수학의 여러 분야를 연결시켜 주는 일반적인 이론이라는 의미로, 이런 일반적인 연구는 수학에서 매우 중요하게 여겨진다. 재미있는 것은 이 지표 이론을 양자역학의 관점에서 해석해 이론물리학의 유용한 도구로 사용할 수 있다는 점이다. 아티야는 물리학에서 유용하게 사용되는 비선형 미분방정식이나 4차원 공간의 기하학적 특성에 대한 연구에도 적지 않은 업적을 남겼고, 말년에는 양자 장이론에서 위상학의 역할을 강조하며 게이지 이론(Gauge theory)의 발전을 주도했다. 이것은 훗날 위튼과 같은 이론물리학자가 수학 분야의 상인 필즈상을 받게 되는 토대를 남긴 것이기도 했다.

이 위대한 수학자가 남긴 것 중에는 업적과 제자 외에도 수학에 대한 많은 금언들이 있다. 그중 흥미로운 것 하나만 인용해 보겠다.

> 대수학은 악마가 수학자에게 가져다 준 선물이다. 악마는 이렇게 말한다.
> "나는 네게 이 강력한 도구를 선물할 것이다. 이 도구는 네가 원하는 어떤 문제에도 답을 줄 것이다. 네가 해야 할 것은 영혼을 바치는 것뿐이다. 기하학을 포기해라. 그러면 이 놀라운 도구를 갖게 될 것이다."

기하학적 직관과 대수학적 직관을 동시에 갖추는 것은 매우 어려운 일이지만, 대수기하학이라는 분야가 있듯이 이 둘은 서로 동떨어져 있지 않다. 하지만 형식주의적이고 엄밀한 수학적 연구 방법은 종종 풍요로운 기하학적 성찰을 간과하게 만들기도 한다. 아티야는 아마도 이 농담을 통해 그런 위험에 대해 경계하고 있던 게 아닐까.

♠ 아티야와 퍼그워시 회의

제2차 세계대전이 끝난 후 1955년, 버트런드 러셀과 아인슈타인은 반핵 공동선언을 발표했다. 이에 자극받아 1957년 미국, 소련, 일본, 영국, 캐나다, 호주, 오스트리아, 중국, 프랑스, 폴란드 등의 저명한 과학자들이 캐나다의 작은 마을 퍼그워시에 모여 핵무기의 사용에 반대하고 세계 평화를 위해 공동의 노력을 기울이기 위한 논의를 시작했는데, 여기서 시작된 단체가 바로 '과학과 국제 정세에 관한 퍼그워시 회의(The Pugwash Conferences on Science and World Affairs)'이다. 이 단체는 창설을 위해 노력하고 단체를 지속시켜 온 조셉 로트블라트와 공동으로 노벨 평화상을 수상했다(1995). 마이클 아티야는 은퇴 후 1997년부터 2002년까지 이 단체의 회장을 맡아 과학자들의 사회적 책임에 대해 역설해 왔다.

우리는 아티야와 부끄러운 인연이 있다. 1990년대 중반 입시 문제의 잘못된 점을 지적했던 김명호 교수는 이 이유로 불이익을 받아 모 대학 임용에 탈락되었다며 항의했다. 세계 수학계는 이 사건을 꽤 진지하게 다루었다. 당시 「사이언스」나 「매스매티컬 인텔리젠서(Mathematical Intelligencer)」에 특집 기사가 실린 것을 지금도 확인할 수 있다. 당시 마이클 아티야는 김명호 교수를 옹호하며 한국수학회에 항의 서한을 보내기도 했으나 답변은 받지 못했다.

폴 코엔 : 유일한 논리학자

폴 코엔은 필즈상을 받은 유일한 '논리학자'이다. 논리학과 집합론은 수학기초론이라는 분야를 형성하고 있지만, 사실 수학에서 수학의 토대라든가 기초라는 것은 생각만큼 그리 중요하지 않은 분야였다. 이미 19세기에 중요한 논의들이 대부분 이루어졌고, 실제 수학을 전개하는데 결정적인 영향을 끼친 것도 아니었기 때문이다. 하지만 폴 코엔은 강제법(forcing)이라는 방법을 써서 집합론에서의 선택공리와 일반 연속체 가설의 독립성을 증명했기 때문에 그 중요성을 인정받아 필즈상을 받았다. 이 문제는 힐베르트의 23문제 중 가장 첫 번째 나온 것이기도 했다.

코엔은 브루클린에 사는 가난한 폴란드 이주민의 막내아들로 태어났다. 그는 어릴 때부터 수학을 좋아했는데, 그가 아홉 살 때 그의 누나는 구립 도서관에서 그를 위해 미적분 책을 빌려야 했다. 사서는 어린아이에게 어려운 수학책을 빌려 주는 것을 꺼렸는데, 자기보다 더 어린 동생을 위해 빌려 간다는 것을 알고 당황했다고 한다.

코엔은 뉴욕의 브루클린 대학교를 졸업한 뒤 시카고 대학교에서 석사와 박사 학위를 받았다(1958). 그는 이 시기에 주로 해석학과 수론 문제들을 연구했다. 그는 시카고 대학교에서 평생의 친구이자 동료인 존 톰슨을 만났다(톰슨 역시 필즈상 수상자이다). 코엔은 로체스터 대학교, MIT, 프린스턴 고등연구소 연구원을 거쳐 1961년 스탠퍼드 대학교의 교원으로 부임한다. 그는 1964년 교수로 승진하고 1966년 필즈상을 받은 뒤에도 은퇴할 때까지 스탠퍼드의 교수로 머물렀다. 논리학에서의 업적으로 필즈상을 수상하긴 했지만 코엔은 원래 해석학자로 출발해 다방면에서 재능을 보인 학자였다. 그는 여러 분야에서 오래된 난제를 해결하면서 수학자 사회에서 명성을 얻기 시작했다. 그는 동료들에게 그 분야에서 가장 중요한 문제가 뭐냐고 묻고 다녔는데, 연속체 가설도 동료 논리학자가 풀어 보라고 던진 문제였다는 일화가 있다.

코엔이 힐베르트의 첫 번째 문제를 해결하는 기념비적인 업적을 발표한 것은 1963년이었다. 이 문제는 무한의 농도를 다룬 칸토어의 업적에서부터 시작되었다. 칸토어는 무한한 집합의 '농도'를 생각하기 위해 '일대일 대응'이라는 것을 고려했다. 자연수 전체의 집합과 일대일 대응을 할 수 있으면 셀 수 있다는 의미로 '가부번 집합'이라 불리고, 이것은 (히브리어 알파벳의 첫 글자를 써서) '알레프-0'의 농도를 갖는다. 유리수 전체가 셀 수 있는 가부번 집합이라는 충격적인 발견을 한 칸토어는 뒤이어 실수 전체의 집합은 셀 수 없다는 더 놀라운 결론을 얻게 된다. 칸토어는 실수 전체의 집합의 농도를 '알레프-1'이라고 불렀다. 여기서 생겨난 문제가 바로 '연속체 문제'이다.

어떤 집합의 원소의 개수가 n개라고 한다면 이 집합의 부분집합 전체로 이루어진 새로운 집합, 즉 멱집합의 원소의 개수는 2^n개가 된다. 따라서 멱집합의 농도는 주어진 집합의 농도보다 크다. 그렇다면 자연수 집합(알레프-0)의 멱집합의 농도는 알레프-1일까?

이 문제는 초등학생도 이해할 수 있지만 그 대답은 그렇지 못했다. 폴 코엔은 강제법이라는 강력한 수학적 테크닉을 만들어 이 문제에 대한 해답을 얻었다. 힐베르트의 첫 번째 문제가 해결되었다는 것과 함께 그가 고안해 낸 강제법이라는 강력한 수학적 테크닉은 많은 수학자들에게 깊은 감명을 주었다. 그러나 더욱 충격적이었던 것은 그 결론이었다. 연속체 가설은 표준적인 집합론(체르멜로-프랭켈 공리계)의 다른 공리들과는 독립적이었던 것이다. 즉 연속체 가설이 참이라고 가정하든 거짓이라고 가정하든 어떤 모순도 발생하지 않았던 것이다. 불완전성의 정리를 발표하고 아리스토텔레스 이후 최고의 논리학자라는 찬사를 받았던 쿠르트 괴델은 코엔의 논문을 읽은 후 극찬을 아끼지 않았다. 괴델과 코엔의 업적은 20세기 수리논리학에서 가장 위대한 성과이며, 수학을 넘어서 철학에까지 커다란 영향을 끼쳤다.

♠ 결정 불가능한 문제

질문 하나를 던져 보자. 우리는 원주율이 분수로 표현되지 않는 무한소수이며 초월수라는 사실을 알고 있다. 간단하게(?) 몇 자리만 암기해 보아도 일정한 패턴이 등장하지 않는 것처럼 보인다.

$3.1415926535897932384626433832795028841971693993 7510\cdots\cdots$.

손과 머리만으로 계산하면 소수점 아래 수십 자리까지 계산하는 데도 오랜 시간이 걸린다. 현재는 컴퓨터를 이용해 약 2조 7천억 자리까지 계산되어 있는 상태이다. 소수점 아래 무한히 연속되는 이 수열에서 333333333333처럼 3이 12번 연속되는 패턴이 과연 나타날까? 답은 나타나거나 나타나지 않거나 둘 중 하나이겠지만 우리는 아직 어느 쪽 답이 맞는지 알지 못한다. 그렇다면 나타나거나 나타나지 않는 것 중 하나라는 우리의 확신은 정말 확실한 것일까?

수학기초론에 직관주의자들이 등장하게 된 계기는 이런 문제에서였다. 직관주의자들은 수학의 엄밀성을 더 엄격하게 따지고 싶어 했고 '답이 맞는지 안 맞는지 모르지만 아무튼 둘 중 하나로 정해진 것이다'에서 만족하면 안 된다고 생각했다. 알지 못하는 것은 알지 못하는 대로 놔두어야 한다는 말이다. 다시 말하자면 '참인지 거짓인지 모른다'라는 것은 '참 혹은 거짓 중 하나이다'라는 것과 다르다는 이야기가 등장한 것이다.

이와 관련된 구체적인 문제로 리만 가설과 관련된 증명이 있다. 리만 가설이 '참'이라는 가정하에 증명한 명제 A를 리만 가설이 '거짓'이라는 가정 아래서 다시 증명했다. 이 경우 이 명제 A는 참일까 거짓일까? 모든 수학 명제는 참 혹은 거짓이라고 전제한다면, 참일 때도 거짓일 때도 입증된 명제 A는 당연히 참일 수밖에 없다.

하지만 참도 거짓도 아닌 수학적 명제가 있다면?
괴델의 제1불완전성 정리는 (대부분의 수학 공리 체계에서) 그 체계가 무모순인 한 증명도 반증도 할 수 없는 (결정 불가능한) 문장이 존재한다고 말하고 있다. 칸토어의 연속체 가설이 표준적인 집합론 내에서 그런 결정 불가능한 문장이라는 것을 밝힌 것이 바로 코엔의 업적이었다.

알렉상드르 그로텐디크 : 가장 창조적인 수학자

알렉상드로 그로텐디크는 20세기에 활동한 많은 수학자들 중에서도 가장 중요하고 위대한 수학자로 손꼽힌다. 그로텐디크는 우크라이나 출신의 유대인 아버지와 함부르크 출신의 독일계 개신교 신자인 어머니 사이에서 태어났으며, 제2차 세계대전의 격동기하에 불운한 어린 시절을 보내야만 했다.

그로텐디크의 아버지의 이름은 알렉산더 샤피로, 어머니의 이름은 항카 그로텐디크인데 그로텐디크는 아버지가 아닌 어머니의 성을 따랐다. 부모님은 모두 아주 혁명적인 사회주의자였다. 1933년까지 그로텐디크는 부모님과 함께 베를린에서 살았으나 그해 연말 아버지는 파리로 이사했으며, 어머니 항카는 이듬해에 파리로 이주했다. 그로텐디크는 부모님을 따라가지 못하고 함부르크에 남아서 다른 친척들의 집에서 머물며 학교를 다녔다. 한편 그로텐디크의 부모님들은 당시 스페인 내전에서 사회주의자 측의 전투 요원으로 자원해 전쟁터에서 싸우고 있었다. 그 후 1939년, 그로텐디크는 독일의 유대인 학대를 피해 어머니와 함께 프랑스 곳곳의 유대인 피난 캠프를 떠돌아다니면

알렉상드르 그로텐디크 (1928~?).

서 생활했다. 그로텐디크의 아버지는 1942년, 독일의 나치 정권에 의해 아우슈비츠 수용소로 보내졌으며 같은 해에 사망했다.

제2차 세계대전이 독일의 패배로 막을 내린 후, 젊은 그로텐디크는 프랑스 몽펠리에서 수학 공부를 시작하였다. 처음 그가 수학 공부를 시작한 이유는 누군가가 그에게 "20세기 초에 이미 수학의 모든 문제는 다 풀렸기 때문에, 공부할 것이 없다."라고 말해 쉽게 수학 교사가 될 수 있을 것이라고 생각했기 때문이었다(물론, 그 말은 전혀 사실이 아니었다). 어찌된 이유였건 수학 공부를 시작한 이후 그로텐디크의 뛰어난 수학적 능력은 여러 교수들의 눈에 띄었고, 이들의 추천으로 그로텐디크는 더 심도 있는 수학 공부를 위해 1948년에 프랑스 파리로 가게 되었다. 당시 프랑스에서 가장 뛰어난 수학자들 중 한 사람은 해석학 분야의 로랑 슈워츠였고, 그로텐디크는 슈워츠의 지도 아래

1950년부터 함수해석학을 공부하였다.

그로텐디크는 공부를 시작하자마자 금세 위상 벡터 공간(topological vector space)에 대한 세계적인 전문가가 되었다. 손쉽게 연구에 성공하면서 이 분야에서는 공부할 만한 재미있는 문제가 더 이상 없다고 느낀 그는 1957년부터 더 어렵고 풀리지 않은 문제가 많다고 소문난 대수기하학과 호몰로지 대수학을 공부하기 시작했다. 물론 당연한 결과이겠지만, 이 분야에서도 그로텐디크는 독보적인 업적을 남기게 되었다.

그의 업적은 전통적인 부르바키 집단의 추상화와 일반화라는 정신을 한층 더 높은 수준에서 실현한 것이었다. 그러한 그의 작업은 매우 창조적이었고 도발적이었다. 다른 수학자들은 현기증 나는 그의 창조적 정신 앞에 좌절하여 다른 분야로 떠나거나(르네 톰), 질시하며 그를 배제하려고 했다(베유).

1966년 필즈상을 수상한 그로텐디크는 1988년에는 또 다른 필즈상 수상자인 수학자 피에르 들리뉴와 함께 크라포르드상의 수상자로 결정되었으나, 본인이 윤리적인 문제를 들어 수상을 거절하기도 했다. 그는 우선 자신이 1970년대 이후로 생산적인 업적을 내지 못했는데 이전의 업적으로 뒤늦게 상을 받는 것은 적절치 못하다며 정중히 거절의 의사를 밝힌 뒤, 연구자들의 공동체 윤리가 사라지고 학계의 강자들이 약자를 착취하는 등 학계의 윤리가 변질되고 있다며 강하게 비판했다.

그로텐디크의 극좌파적 정치 성향과 평화주의적인 정치 성향은 끔찍한 제2차 세계대전을 어린 나이에 몸소 겪었기 때문에 생긴 것이라고 할 수 있다. 이러한 정치 성향으로 인해 그는 간혹 주변 사람들이 몸서리칠 만한 행동들을 했다. 그로텐디크는 베트남 전쟁 중 미군의 공중 폭격이 가해지고 있던 베트남 하노이 근교의 숲 속에서 태연하게 범주 이론 세미나를 열기도 했다. 그는 이러한 행동을 일종의 반전 시위로 여겼다.

그로텐디크는 프랑스의 부유한 수학자였던 디외도네의 지원으로 프랑스 파리에 IHES(Institut des Hautes Etudes Scientifiques, 고등 과학 연구소)를 설립하였으나, 1970년에 자신이 설립한 이 기관에서 갑자기 떠나기로 결심한다. 순수한 학문 연구기관인 IHES에 프랑스 국방부의 군사용 연구 자금이 일부 유입된 것에 대한 항의였다. 그 이유로 그는 잠시 학계를 떠났다가, 제2차 세계대전 이후 그가 처음으로 수학 공부를 본격적으로 시작했었던 몽펠리에 대학교에 가서 교편을 잡았다. 그는 몽펠리에 대학교에서 1988년까지 몸담았다. 그러나 이곳에서 그는 동료들과 제자들을 잃었으며, 점차 학술적 연구로부터 멀어져 갔다.

1988년에 학계를 완전히 떠나면서 그는 프랑스 남부의 어느 알려지지 않은 농촌 마을에서 농사를 지으며 살겠다며 모든 것을 버리고 자취를 감추었다. 몇 년째 그를 보았다는 사람은 나타나지 않고 있으며, 가족들도 그의 생사와 행방을 알지 못한다고 한다.

스티븐 스메일: 미국이 낳은 위대한 수학자

그로텐디크와 함께 필즈상을 수상한 스메일은 아마도 슈워츠, 그로텐디크와 더불어 가장 정치적으로 활동적이었던 필즈상 수상자였을 것이다. 그는 베트남 전쟁을 격렬하게 반대하면서 수학계 외부의 사람들에게 이름을 알렸는데, 당시 캘리포니아 대학은 정치적인 이유로 그의 연봉을 삭감하기도 했다. 그러나 미국에서 찾기 힘든 사회주의자이자 공산주의자로 성장한 스메일은 (훗날 소련에 대해서 비판적인 입장이 되기는 했지만) 정부의 거짓말과 기만에 대해 날카로운 비판의 칼을 내리지 않았던, 수학계의 촘스키와 같은 인물이었다. 그러나 무엇보다도 스메일은 의심할 여지 없이 미국이 낳은 가장 위대한 수학자 중 한 명이다.

위대한 수학자가 된 훗날 돌이켜 봤을 때 그의 대학 시절이 평범하기 짝이 없는 B, C 학점으로 차 있었다는 사실은 조금 놀랍다. 하지만 모든 위대한 수학자들이 어린 시절부터 천재성을 보이는 것은 아니다. 스메일은 대학원생일 때까지도 학문적으로 두각을 나타내는 촉망받는 학생은 아니었다. 그는 대학원에서 두 과목을 포기하고 한 과목에서 C를 받았는데, 학장은 그에게 잘리기 싫으면 성적을 올려야할 것이라는 경고를 보냈다고 한다. 나중에 스메일이 일자리를 얻으려고 할 때 이 학장은 '최저의, 성취도가 낮은 학생'이라고 평가를 써주었다. 하지만 스메일은 본격적으로 수학을 연구하기 시작하자마자 수학계에 엄청난 파급력을 가진 문제를 해결했는데, 그의 전기를 쓴 저자는 '차원의 벽을 깬 남자'라는 이름으로 그의 업적을 기념했다.

스메일의 업적을 이해하기 위해서는 먼저 푸앵카레 추측의 긴 역사를 기억해야 한다. 푸앵카레는 공간의 형태를 어떻게 확인할 수 있을지를 궁리하다가 한 가지 실험을 내놓았다. 구의 표면에 밧줄을 감아 그 표면에서 밧줄을 떼지 않으면서 잡아당길 때 이 줄은 원의 형태에서 구의 표면을 따라 감기면서 하나의 점으로 축소될 수 있다. 우리가 앞에서 잠깐 엿본 개념을 여기에 적용하자면 구의 표면 위에서 점과 원은 호모토피적으로 동형이라고 할 수 있겠다. 푸앵카레는 이렇게 밧줄을 다시 감을 수 있다면 그것이 몇 차원 공간이건 기본적으로 n차원 구면과 동형이 아닐까, 라는 추측을 하게 되었다. n차원 구면이라는 말이 생소하다면 먼저 2차원 구면을 생각해 보기 바란다. 주어진 한 점에서 2차원적(평면)으로 같은 거리에 있는 점들의 집합, 즉 우리가 친숙한 원이 바로 2차원 구면이다. 여기에 차원을 하나 더 하면 3차원이 된다. 여기서 이것을 일반화시키면 n차원이 되는데, 수학적으로는 $x_1^2 + x_2^2 + \cdots\cdots + x_n^2 = r^2$의 방정식으로 표현되며 $(x_1, x_2, x_3, \cdots\cdots, x_n)$의 순서쌍으로 표현될 수 있는 점의 집합이라고 할 수 있다.

정확히 말하자면 3차원의 경우에 대해서만 푸앵카레 추측이라고 부르지만, n차원에 대해서는 일반화된 푸앵카레 추측이라고 부를 수 있다. 스메일은 바로 5차원 이상의 공간에 대해 일반화된 푸앵카레 추측이 성립된다는 것을 증명한 사람이다. 흥미롭게도 수학에서는 차원이 높아질수록 문제가 쉬워지고, 4차원과 3차원의 문제 풀이가 더 어려운 경우를 자주 볼 수 있다. 마치 복소수의 경우가 더 이해하기 쉽고 정수와 소수의 연구가 훨씬 더 어려운 것과 유사하게 말이다. 차원이 높은 경우를 해결했다고 해도 그 방법을 그대로 아래 차원으로 가져 올 수 없을 경우가 더 일반적이다. 그렇다고는 하나 스메일의 증명처럼 n〉5 이상인 일반적인 경우 모두를 해결하는 것은, 개별적인 차원 하나하나에 대한 증명과는 달리 수학적으로 훨씬 가치가 있다.

참고삼아 덧붙이자면 마이클 프리드먼은 4차원에 대해서 푸앵카레 추측이 성립한다는 것을 증명해 1982년에 필즈상을 받았다. 최종적으로 3차원에 대한 푸앵카레 추측이 성립한다는 것을 입증한 사람은 바로 그리고리 페렐만이다. 또한 윌리엄 서스턴은 3차원에 대한 푸앵카레 추측을 어떤 식으로 풀어야 할지에 대해 아이디어를 제공하

스티븐 스메일(1930~).

며 필즈상을 받았다. 푸앵카레 추측은 혼자서 여러 명의 필즈상 수상자를 배출한 난제 중의 난제였던 것이다.

스메일은 필즈상을 받은 뒤 응용수학 분야로 관심을 돌려 동역학, 수리경제학 등 수학의 확장에 많이 기여했다. 20세기가 저물어 가는 시점에서 필즈상의 역사를 돌이켜 보기 위해 특별한 학회가 조직되었을 때, 필즈상의 역사를 개관하던 한 발표자는 수학과 물리학이 다시 협조적이고 창조적인 대화를 시작한 것이 지난 반세기의 특징이었다고 하며 스메일의 이름을 거론했다.

스메일은 활력과 에너지가 넘치는 활동적인 사람이었다. 그의 좌파적 성향은 이론과 숙고의 산물이라기보다는 본능에 가까웠다. 권위와 기만을 거부하는 그는 때로는 무분별한 비판자라는 (소비에트와 북

베트남의 현실을 냉정하게 알리려 하기보다는 미국 정부에 대한 비판을 더 우선한다는 의미에서) 비난을 받기도 했다. 하지만 수학에서나 정치에서나 끊임없이 의심하고 실제로 문제와 부딪히면서 해결하려는 점은 그의 버릴 수 없는 천성이라 할 수 있다.

그의 취향에 대해 흥미로운 일화 하나를 인용해 볼까 한다. 스메일은 수석 수집의 대가로 이름이 나 있었는데, 수십 년에 걸친 수석 수집과 그에 대한 스메일의 지식은 전문가들 사이에서 '스메일 컬렉션'이라는 이름을 만들어 낼 정도였다. 하지만 그와 인터뷰를 하기 위해 찾아온 기자가 "수석 수집은 스메일 교수님에게는 어떤 의미입니까?"라고 기대 섞인 표정으로 물었을 때 스메일은 이렇게 대답했다고 한다. "돌을 모으는 건 투자를 위한 거죠. 다른 이유가 있나요?"

제7회(1970년)_ 베이커, 헤이스케, 노비코프, 톰슨

앨런 베이커 : 초월수와 알고리즘에 빠진 수학자

앞서 클라우스 로스의 업적을 소개하며 대수적 수와 초월수에 관한 설명을 한 바 있다. 로스와 마찬가지로 영국의 수학자인 앨런 베이커도 초월수에 관하여 수론 분야에서 중요한 업적을 남겼다. 힐베르트는 대수적 유리수 a와 대수적 무리수 b에 대해 항상 a^b가 초월수인가 하는 것을 궁금해했다. 예를 들어 $2^{\sqrt{2}}$는 초월수일까?

막상 이 질문을 던진 힐베르트는 1919년 이 문제가 리만 가설이나 페르마의 정리보다 더 풀기 어려울 거라고 생각했다. 하지만 힐베르트 같은 대가라고 해서 늘 예측이 맞는 것은 아니다. 게다가 힐베르트는 이미 골트바흐 추측(Goldbach's conjecture)에 대해서 "풀리지 않을 난제는 아니고 3년 정도 투자하면 되겠지만, 그럴 시간이 아깝다."라며 손대기를 거부한 적이 있었다. 하지만 골트바흐 추측은 지금까지도 풀리지 않는 난제 중의 난제로 남아 있다.

힐베르트의 예측과는 달리 10년도 지나지 않아 이 질문에 대한 성과가 있었다. 1929년 알렉상드르 겔폰드는 e^{π}가 무리수임을 증명했고, 칼 지겔은 위에서 언급한 사례였던 $2^{\sqrt{2}}$가 무리수임을 보였다. 1934년에는 일반화된 힐베르트 추측에 대한 겔폰드과 슈나이더의 증명이 있었다. 드디어 1966년, 앨런 베이커는 린데만과 겔폰드에 의해서 발견된 초월수의 어떤 유한한 곱도 모두 초월수임을 증명하면서 겔폰드-슈나이더 정리를 일반화했다. 그는 이 정리를 통해서 전에는 알지 못했던 초월수들을 생성해 냈고, 이 연구를 통해 베이커는 1970년 필즈상을 받았다.

앨런 베이커의 또 다른 업적은 다항식의 알고리즘을 찾으라는 힐베르트 문제와 깊은 관련이 있다. 1928년 힐베르트는 국제수학회에서 어떤 명제가 다른 명제들의 논리적 귀결을 결정하는 알고리즘을 찾는 '결정 문제'를 제기했다. 모든 수학이 공리 체계화 된다면 논리적 귀결을 통해 수학적 정리들을 증명할 수 있을 것이었다. 힐베르트가 찾는 알고리즘은 수학자들이 공리를 정식화하고 흥미로운 결과를 진술하면, 그 공리로부터 결과를 증명하는 일을 자동적으로 수행할 수 있는 종류의 것이었다. 1922년 논리학자 에밀 포스트는 명제 논리가 그러한 알고리즘을 사실상 허용하고 있음을 밝혔다. 힐베르트는 양화사(量化詞, 수량을 나타내는 한정사)를 사용한 술어 논리에도 그러한 결과를 확장할 수 있는지 궁금해하고 있었다.

1970년 앨런 베이커가 필즈상을 받을 때 그의 업적 가운데에는 1968년 3차 이상의 다항식에 관한 문제를 해결한 것이 포함되어 있었다. 앨런 베이커의 연구 결과는 3차 방정식의 특수한 형태인 타원 방정식을 다루기 위해 적용될 수 있는 것이었는데, 이 사실은 힐베르트의 10번 문제, 모델 추측[Mordell conjecture, 이제는 '팔팅스 정리(Faltings' theorem)'라고 불린다]과 페르마의 정리 사이의 심오한 연관 관계를 드러낸다. 후에 앨런 베이커의 방식은 두 변항을 갖는 임의의 디오판토스 방정식에 적용될 수 있도록 확장되었다.

♠ 힐베르트의 10번 문제

힐베르트의 10번 문제는 '주어진 디오판토스 방정식이 정수해를 갖는지를 유한 번의 계산을 통해 결정할 수 있는 절차를 찾으시오.'라는 것이었다. 이 문제를 좀 더 일반화하면 앞에서 언급했듯이 어떤 수학적 정리의 참·거짓을 판단할 수 있는 일반적인 알고리즘이 존재하는가를 묻는 질문이 된다. 물론 괴델의 제1·제2 불완전성 정리에 의해서 근본적으로는 불가능하다는 것이 밝혀졌다고 볼 수 있다. 참·거짓을 정할 수 없는 명제가 존재하는데 모든 명제의 참·거짓을 판단할 알고리즘이 가능할 이유가 없기 때문이다. 하지만 이것은 주어진 결정 문제 자체에 대한 답은 아니었다.

이 문제를 풀기 위해서는 '유한 번의 계산을 통해 결정할 수 있는 절차', 즉 알고리즘의 정의를 분명히 해야 했다. 앨런 튜링은 처음으로 '계산'이라는 것을 형식적으로 정의한 '튜링 기계'의 아이디어를 제시했고, 논리학자인 알론조 처치는 람다 계산법이라는 메타논리학적인 방법을 이용해서 이 문제를 각각 해결했다. 이 둘의 연구를 종합적으로 이해하면 튜링 기계를 통해 풀 수 있는 함수와 '재귀 함수'로 풀수 있는 함수는 동일하며, 그것들은 형식적으로 계산되는 문제들임을 알 수 있다.

특히 튜링은 힐베르트의 10번 문제('결정 문제')를 튜링 기계의 '정지 문제'로 바꾸었다. 튜링 기계란 무한히 긴 테이프를 자유롭게 움직이며 0과 1만 쓰고 지울 수 있는 기계인데, 모든 계산은 튜링 기계의 작동에 관한 규칙과 그 실행으로 이해될 수 있다. 튜링에 따르면 결정 문제란 '언제 이 튜링 기계가 작동을 멈출 수 있는지 알 수 있는 방법이 있는가?'라는 정지 문제로 (일반화시켜) 바꿀 수 있고, 알론조 처치와 마찬가지로 튜링 역시 그러한 방법은 존재하지 않는다는 결론을 내렸다. 이것은 다시 말하자면 '알고리즘이 존재하지 않는다는 것은 무엇인가?'에 대한 기준을 정의한 것이기도 하다.

결국 1970년 러시아의 수학자 마티야세비치는 디오판토스 방정식의 풀이 가능성을 결정하는 알고리즘은 존재하지 않음을 밝혀 힐베르트의 10번 문제를 완전히 해결하였다.

히로나카 헤이스케 : 학문의 즐거움을 말하고 싶었던 대학자

1931년 야마구치 현에서 태어난 히로나카는 대가족 속에서 자랐다. 아버지와 어머니 모두 이혼 후 재혼하였는데, 재혼 당시 아버지에게는 네 명, 어머니에게는 한 명의 자녀가 있었다. 이들은 결혼 후 다섯 명의 아이를 낳았고 히로나카는 이 다섯 명 중 장남이었다. 그는 제2차 세계대전을 겪으면서 성장했는데, 야마구치 현이 히로시마 근처였기 때문에 종전 시기에 원자폭탄의 공포를 느껴야 했다.

히로나카는 수학을 좋아하긴 했지만 수학 천재나 신동은 아니었다. 그는 고등학교에 특강을 온 히로시마 대학 수학 교수의 강의를 듣고 히로시마 대학에 지원했지만 낙방하고 만 평범한 학생이었다. 그는 재수를 해서 교토 대학교에 들어갔고, 그때만 해도 물리학자가 될 생각이었다고 한다. 노벨상을 받은 유카와 히데키가 교토 대학교에 있었기 때문이었다. 그러나 공부를 하면서 수학이 더 적성에 맞는다는 사실을 깨달았다고 한다.

그는 교토 대학교 졸업 후 하버드 대학교에서 박사 학위를 받았다. 일본이 수학 분야에서 뒤처져 있던 건 사실이었지만, 당시 일본 수학계는 빠르게 외국을 따라잡기 위해 추상대수학에 많은 역량을 쏟고 있었다. 덕분에 히로나카는 추상대수학에서는 열등감에서 벗어날 수 있었다고 한다. 그의 지도 교수는 20세기 전반의 지도적인 수학자 중 한 명인 오스카 자리스키였고 히로나카는 그의 밑에서 대수기하학의 근본적인 문제들을 본격적으로 다루기 시작했다.

아마도 일반인들에게 히로나카는 『학문의 즐거움』이란 책의 저자로 더욱 친숙할 것이다. 필즈상을 받은 일본인 선배 고다이라처럼 그 역시 대수기하학 분야에서 수십 년 동안 풀리지 않았던 난제를 해결함으로써 단번에 세계적인 대수기하학자의 명성을 얻게 되었다. 학위를 받은 이후 주로 하버드 대학교와 교토 대학교에서 학생들을 가르친 그는 고다이라처럼 교육에 열정을 쏟았다. 1980년 그는 일본에서 고등학생들을 위한 여름학교를 열었는데, 나중에 미국과 일본의 학부

히로나카 헤이스케(1931~).

생을 위한 세미나도 추가했다. 이 세미나는 그의 지도 아래 지금까지
도 계속되고 있다.

그의 개인적인 일화나 수학에 대한 단상은 베스트셀러인 『학문의
즐거움』에 잘 나와 있으므로 굳이 반복할 필요는 없을 듯하다. 히로
나카가 서울대의 초빙교수로 한국에 와서 학생들을 가르칠 때 학생
들에게 했다는 이야기를 소개하고 싶다.

히로나카는 자신이 몇 년 동안 연구한 내용을 학생들에게 소개하
고 이해시키기 위해 수업을 열었다. 사실 첨단을 달리는 대학자가 이
제 공부를 갓 시작한 대학원생들에게 학문의 최전선에서 현재 이루
어지는 변화와 흐름을 가르친다는 것은 의미가 있어 보이기도 하지
만, 자칫하면 학생들이 아무것도 이해하지 못하는 무의미한 수업이
될 위험도 있었다. 학생들은 기대 반 우려 반으로 이 대학자의 수업을

들어야 하는 상황이었다. 이때 히로나카는 학생들에게 이렇게 말했다고 한다. "이 수업의 내용을 다 이해하기 어려울 수도 있다. 나도 이것을 다 안다고 할 수 없다. 하지만 용감하게 일단 안다고 가정해 보고 그 내용을 따라가 보자. 그리고 무슨 일이 벌어지는지 지켜보자."

어쩌면 정말 대가만이 할 수 있는 이야기인지도 모르겠다. 장 피에르 세르 역시 한 인터뷰에서 연구자들이 풀기 위해 노력하는 현재의 난제들을 왜 학생들에게 소개하지 않는지에 대한 불만을 털어놓은 적이 있다. "학생들로 하여금 그 문제를 스스로 고민해 보게 해야 한다."라고 말하면서 말이다. 이미 확립된 정리들을 이해하고 익혀서 써먹는 것이 수학이 아니라, 문제들과 직접 부딪히면서 해결하려고 하는 것이 수학이라는 뜻이 아닐까.

> ♠ 천재 : 재능, 경쟁, 좌절
>
> 천재들은 주변 사람들을 좌절시키곤 한다. 노벨 물리학상을 받은 유진 위그너는 폰 노이만과 나이 차이가 별로 나지 않아 같은 김나지움을 다니며 친구로 지냈다. 위그너 역시 우수한 학생이었지만 폰 노이만은 인간과의 비교를 불허하는 천재 중의 천재였기에 위그너는 폰 노이만과의 경쟁이나 비교 자체를 스스로 포기했다. 그는 폰 노이만을 제외하고는 누군가를 '천재'라고 부르는 것을 꺼릴 정도였고, 폰 노이만이 수학을 연구했기에 자신은 수학자의 길을 포기하고 이론물리학자가 되었다. 그는 친구 폰 노이만이 죽은 지 10년이 넘은 뒤에도 토마스 쿤과의 인터뷰에서 "기억력이 좋으시지요?"라는 질문에 "폰 노이만만큼은 아닙니다."라고 대답할 만큼 그의 그늘에서 벗어나지 못했다.
>
> 그러나 천재의 찬란함 앞에서 모두가 모차르트 옆의 살리에리처럼 되는 것은 아니다. 위그너는 자신이 가진 장점이 난제를 붙잡는 끈기라고 겸손하게 생각했고, 대수

학(군 이론)을 양자 이론에 도입함으로써 물리학의 발전에 기여할 수 있었다. 르네 통이 그로텐디크의 천재적인 능력 앞에서 수학 연구의 동기를 잃은 것과는 달리, 히로나카는 놀라운 천재들을 볼 때마다 "나는 바보니까 2~3배 더 노력해야겠다."라며 용기를 얻었다고 한다. 학문은 천재만 하는 것이 아니다. 다만 천재의 재능을 질투하는 것만으로는 자신의 연구를 할 수 없을 뿐이다.

세르게이 노비코프 : 가풍을 그대로 이어받은 영재

노비코프는 르네 통의 위상수학의 전통을 이어 대수 위상학 및 미분 위상학 분야에서 업적을 세운 사람이다. 그는 정치적인 이유로 수학자대회에 참석하지 못한 최초의 수학자이기도 하다. 모스크바에서 열린 1966년 대회에서는 소련에 대한 정치적 항의의 표시로 그로텐디크가 축하 행사 참석을 거부한 적이 있었다. 그러나 1970년 니스에서 열린 대회에서는 소련 당국이 수상자 노비코프를 억류해 상을 받으러 갈 수 없었다. 당연히 그는 수상 기념 강연을 하지 못했다. 그는 체제에 반대해 체포되거나 정신병원에 감금된 지식인들을 돕기 위해 노력했다는 이유로 출국 허가를 받지 못했다. 소련 당국은 그를 공식적으로 처벌하는 것보다 필즈상 수상의 영광을 허용하지 않는 비열한 방식을 선택했다. 구소련에 의해서 이렇게 참석하지 못한 또 다른 희생자로는 1978년 수상자 그리고리 마르굴리스가 있다.

노비코프의 아버지인 표트르 세르게이비치 노비코프는 알고리즘과 조합수학 분야에서 이름을 남긴 유명한 수학자였다. 그는 집합론과 논리학의 전문가로 시작해 수리물리학까지 발을 뻗친 다재다능한 학자였다. 그의 어머니인 루드밀라 켈디시 역시 뛰어난 수학자로 집합론과 위상수학의 전문가였다. 외삼촌은 오랫동안 소련 과학아카데미의 의장이었고 외할아버지는 소련 최고의 건축 기술자였으니 수학과 과학은 이 집안의 전통이라고 할 수 있었다. 그래서인지 노비코프와 켈디시는 모두 3남 2녀(세르게이는 3남 중 막내였다)를 낳았는데 세 아들 모두 수학자와 물리학자가 되었다.

노비코프는 국제수학올림피아드(IMO) 출신이기도 하다. 1959년 처음 시작된 이 행사는 창조적인 수학 재능을 발굴하고 뒷받침하기 위한 대회로 성적에 따라 금, 은, 동메달을 수여한다. 역사가 오래된 만큼 10대 시절 이 올림피아드에 출전했던 수학 신동 출신 수학자들이 많다. 노비코프 역시 13~14세 때 올림피아드에 출전한 뒤에 수학자가 되기로 마음먹었다고 한다.

노비코프는 20세기 후반 소련 및 러시아의 지도적인 수학자로서 위상수학 및 수리물리학 분야에서 다양한 업적을 남겼다. 그는 2005년 울프상 수상자이기도 하다. 울프상 위원회는 서로 분리된 다른 분야에서 놀라운 기여를 한 노비코프의 업적을 기념하기 위해 상을 수여한다고 발표했다.

노비코프는 1950~1960년대 이론물리학의 발전에 감명을 받아 수학과 물리학의 접점에서 작업하기로 마음먹었다. 하지만 당시만 하더라도 러시아의 수학은 아직 현대적인 이론물리학의 연구와 진지하게 만나지 못하고 있었다. 노비코프는 당시 물리학자들이 현대 수학에 대한 필요와 갈증을 느꼈을 때, 자신도 역시 이론물리학에 대한 열망을 갖게 되었다고 한다. 하지만 그는 처음부터 통계역학과 양자 장이론으로 직접 들어가서는 성공하기 힘들다는 것을 깨달았고, 기초부터 단계적으로 공부해야 할 필요성을 느껴 공부를 시작했다. 다시 말하자면 마치 학생들처럼 역학을 배운 뒤 장이론, 그 뒤에 양자 역학을 배우는 방식으로 공부를 한 후에야 통계역학, 양자 장이론을 배울 수 있었던 것이다. 그러나 그가 몇 년에 걸친 공부 끝에 준비를 마치고 실제 물리학자들과 공동 연구를 시작하려고 했을 때, 물리학자들 역시 최신의 위상수학을 비롯한 현대 수학을 공부하려 하던 참이었다. 노비코프는 그들 역시 '어디서 시작해야 하는가?' 같은 문제에 부딪히는 것을 보았다.

수학과 물리학의 경계에서 생산적인 수십 년을 보낸 노비코프는 물리학과 수학의 쇠퇴를 경고한다. 그 이유는 이 두 분야가 너무도 성공적으로 발전해, 이 분야에 뛰어드는 연구자들이 각 분야에서 튼튼한 기초를 갖추고 시작하기가 점점 더 어려워지고 있기 때문이다. 노비코프는 새로운 분야에 뛰어들어 공부를 시작하는 것을 두려워하지 않았고, 기초부터 차례로 문제들을 쓰러뜨려 왔기 때문에 이러한 충고를 할 수 있는 것이다.

존 톰슨 : 군 이론의 발전
존 톰슨의 업적을 소개하려면 '군(群)' 이론이라는 거대한 분야에 대한 이해가 필요하다. 이것은 대수학으로부터 이어지는 긴 역사를 갖고 있다.

대수학은 미지수의 값을 구하는 방정식으로부터 시작되었다. 수학자들은 오랜 세월 노력한 끝에 미지수가 하나인 1~4차 방정식의 일반 해법을 구하는 데 성공했지만 5차 방정식의 일반 해법은 찾을 수 없었다. 이 문제에 대한 멋진 해결책을 제시함으로써 현대 대수학의 시작을 알린 사람이 바로 스물한 살에 요절한 천재 에바리스트 갈루아였다. 갈루아의 해결책은 군이라는 추상적인 구조를 도입해 대수적 방법으로 풀 수 있는 방정식과 그렇지 못한 방정식을 구분하는 방법을 제시하는 것이었다. 어떤 집합과 연산이 가질 수 있는 대수적인 구조를 가리키는 군 개념은 일반적이고 추상적이기 때문에 여러 대상에 적용될 수 있어서 발전 가능성이 무궁무진했다. 특히 대칭의 구조가 군론에 의해서 이해될 수 있다는 것도 중요한 특징이었다. 예를 들어 '리군(Lie group)'이라는 특정한 군에 대한 연구는 기본 물질 입자와 힘 입자를 체계화하는 입자물리학의 표준 모형에 적용될 수 있다는 것이 밝혀졌다. 이것은 자연계의 물질과 힘 사이에 깊은 대칭성이 존재한다는 것을 의미한다. 20세기의 입자물리학과 양자 역학에서는 군 이론의 성과를 이용하여 많은 발전을 거두었고, 이것은 순수수학이 예기치 않게 자연과학에서 유용성을 발견하게 된 대표적인 사례이다.

하지만 군의 개념은 일반적인 것이어서 여러 분야에 응용하기엔 편리하지만, 그 특성을 이해하고 분류하는 것은 매우 복잡하고 어렵다. 그래서 수학자들은 단순군의 연구에 먼저 치중했다. 단순군은 마치

존 톰슨(1932~).

소수가 정수를 구성하는 벽돌이 되듯 군론의 기초가 되는 형태의 군을 가리킨다. 방대한 작업이었던 유한단순군의 분류는 19세기부터 시작되어, 많은 수학자들이 세대에 세대를 거듭하며 부분적인 업적들을 쌓아 누적시켜 온 세기의 사업이 되었다.

1972년 대니얼 고렌스타인은 100명이 넘는 수학자들의 도움을 받아 1만 5,000페이지에 달하는 500개 이상의 논문을 모아서 유한단순군의 분류를 수학 사상 가장 복잡하면서도 길고 단일한 증명으로 정리하는 일에 착수했다. 이것은 경우의 수를 분류하고 각각에 대해 제한적인 분류 정리를 증명하는 단계적인 작업으로 진행되었다. 유한단순군의 분류 결과, 대부분이 앞서 말한 리 타입에 속하며(그 외에도 순환군과 교대군이 존재) 예외적으로 26개의 돌발성 유한단순군이 존재한다는 것이 밝혀졌다. 이 과정에서 1906년에 제시된 두 번째 번사이드 추측, 즉 소수 개의 원소를 가지는 주기적 군이 존재해야만 한다는 추측이 1962년 존 톰슨에 의해서 증명되었다. 이 업적으로 톰슨은 1970년에 필즈상을 수상하게 된다.

♠ 증명의 아름다움

수학자들은 간결하고 명쾌한 증명을 가리켜 '아름답다'라고 하는 경향이 있다. 하지만 때로는 매우 복잡할 뿐만 아니라 난삽하고 지저분한(?) 증명만 주어질 때가 있다. 예를 들어 '4색 문제'가 그렇다. '지도 위의 나라를 어떤 형태로 그리더라도, 단 4가지 색만으로 구별할 수 있게 색칠이 가능한가?'라는 이 문제는, 명쾌해 보여도 답은 그리 간단하지 않았다. 이 문제의 해결 과정은 가능한 모든 패턴을 몇 개(1,936개)로 줄인 다음 일일이 4색으로 그리는 것이 가능함을 보임으로써 반례가 존재하지 않음을 입증하는 방식으로 이루어졌다. 이 문제의 증명 방법을 들었을 때 한 수학자는 "그렇다면 전혀 좋은 문제가 아니었잖아?"라고 대답했다고 한다. 전혀 새롭고 멋진 아이디어로 아름다운 증명을 해낸 것이 아니기 때문이었다.

하지만 최근 수학의 중요한 정리들은 문제에 비해서 훨씬 길고 복잡한 해결책을 갖고 있다. 그리고리 페렐만의 푸앵카레 정리(정확히는 서스턴의 기하화 추측 증명)나 앤드루 와일즈의 페르마의 마지막 정리(타니야마-시무라 추론의 증명)는 수백 쪽이나 되는 양을 자랑한다(페렐만의 경우 그의 논문은 개요만을 담고 있다. 이를 완전하게 정리한 논문은 200쪽 이상이 되었다). 게다가 여기서 소개한 유한단순군의 분류는 정리한다고 해도 수천 쪽 이상의 논문이 될 수밖에 없는 상황이다. 유한단순군의 분류에서 중요한 역할을 했던 애쉬바커는 이에 대해 "몇몇 근본적인 정리들은 우아하고 단순하게 표현될 수 없으며, 그러한 정리들의 증명은 필연적으로 길고 복잡해질 수밖에 없을 것."이라고 말한 바 있다. 간결하면서도 아름다운 증명은 앞으로 점점 더 어려워질 것이라고 전망하고 있는 것이다.

제8회(1974년)_ 봄비에리와 멈포드

엔리코 봄비에리 : 박학다식한 열정의 소유자

봄비에리는 어린 시절을 회상하면서 자신은 수의 질서와 구조에 사로잡혔었다고 말한다. 그의 말에 따르면 이미 13살 때부터 수론에 관한 책에 빠져 있었다고 한다. 그는 밀라노 대학교와 케임브리지 대학교에서 수학을 공부했고, 학위는 1963년 밀라노 대학교에서 받았다. 그는 학위를 받은 후 여러 학회에 고급 스포츠카를 타고 나타났는데 동료들은 그것을 보고 그가 부자라는 사실을 알게 되었다. 그의 아버지는 여러 개의 포도 농장을 소유한 경제학자로 명문가 출신이었다. 봄비에리는 학위를 마친 이후 고등연구소에 방문 교수로 있다가 필즈상을 수상한 이후에 고등연구소 종신 교수직을 제의받았다. 그는 현재 프린스턴 고등연구소에서 IBM 폰 노이만 석좌 교수직을 맡고 있다.

그는 소수의 분포, 국소 비버바흐 추측(Bieberbach conjecture), 편미분방정식과 극소곡면 등에 공헌한 이유로 필즈상을 받게 되었다. 정수론 분야에 해당하는 소수의 분포에 관한 봄비에리 정리를 제외하면, 다른 업적들은 모두 미분방정식을 중심으로 한 해석학 영역에 해당한다.

그는 박학하고 다방면에 뛰어나며 열정적인 연구자로 소문나 있다. 민족성이라는 것이 매우 의심스러운 분류법이긴 하지만, 그는 이탈리아인답게 매우 저돌적이고 활달한 사람이었다. 그는 취미로 그림을 그리고 야생 버섯을 채취하며 보석 세공을 즐긴다. 봄비에리는 『뷰티풀 마인드』로 유명한 수학자 존 내시가 오랜 정신분열증에서 벗어나 수학 연구를 시작했을 때, 그를 지탱해 준 친우 중 한 명이기도 했다.

봄비에리는 다음과 같은 명언을 남기기도 했다.

> 수학은 아름다울 수 있다. …… 그것은 균형과 조화를 갖춘 조각품을 만드는 것과 같다.

데이비드 멈포드 : 영역을 넓혀 가는 연구자

멈포드는 최신 대수학적 연구를 기하학적인 직관과 결합하여 새로운 성과들을 얻어 낸 대수기하학자이다. 그는 그로텐디크의 추상적인 대수기하학 이론을 이어받아 이 영역을 더욱 확장해 갔다. 필즈상을 받은 이후에는 새로운 응용수학 분야로 관심을 돌렸는데, 펠릭스 클라인이 인도 신화에서 발견한 모티프를 바탕으로 무한히 반복되는 대칭의 아름다움과 이러한 프랙탈 이미지를 컴퓨터로 구현하는 방법에 대한 책인 『인드라의 진주(Indra's Pearls: The Vision of Felix Klein)』를 펴내기도 했다.

그의 아버지는 영국인으로 이상주의적인 사회사업가였다. 미국의 롱 아일랜드 비치에서 어린 시절을 보낸 그는 오스카 자리스키의 영향을 받아 본격적으로 대수기하학의 세계에 빠지게 되었다. 그는 수업을 들었을 때는 한 마디도 알아들을 수 없었지만 '대수적 다양체'라는 말의 마력에 빠져들었고, 평생 동안 그것을 연구하게 되었다고

데이비드 멈포드(1937~).

말한 적이 있다. 아이러니한 것은 보이지 않는 추상적 기하학의 세계를 다루며 패턴에 관한 응용수학의 전문가인 그가 실은 색약이라는 사실이다.

멈포드는 앞서 말했듯이 그로텐디크로부터 엄청난 영향을 받았다. 그는 대수기하학의 정원에서 자라난 '모듈라이 공간(Moduli space)'이라는 꽃에 사로잡혀 있다고 회고한 적이 있는데, 이 정원에는 놀라운 사람들이 있다며 대표적으로 날카롭고 뛰어난 배유와 '정말로 인간이 아닌 다른 종으로 보이는' 그로텐디크를 언급했다.

멈포드는 나이가 들면서 연구 영역을 더욱 확대해 가는 수학자의 전형적인 사례를 보여 준다. 그는 시인이었던 첫 아내가 죽은 뒤 대수기하학의 좁은 연구에서 벗어나 생각과 뇌에 관한 수학적 연구로 눈을 돌리고 이를 '오래된 사랑'이라고 불렀다. 멈포드는 현재 지능과 지각, 패턴에 관한 응용수학에 몰두하고 있다. 그가 연구하는 패턴 이론이란 세계에 대한 지식을 패턴으로 기술하는 수학적 이론인데, 통계학자인 울프 그레난더에 의해서 주창되었다. 이 이론은 인공지능 연구에 있어서 새로운 접근법이라는 평가를 받고 있다.

멈포드는 그의 60세 생일을 맞아 하버드 대학의 수학과 학과장 및 국제수학자대회의 의장 등 중요한 자리를 맡은 경험을 살려 현대 수학의 경향에 대해 정리하는 글을 발표한 적이 있다. 이 글에서 그는 '하나의 학문으로서의 수학'이란 무엇인가에 대해 물었다. "세계 곳곳의 학회와 여러 수단을 통해 항상 동료와 교류를 하고 있는 우리들이 굳이 구태여 '국제수학자대회'라는 이름으로 모이는 이유는 무엇인가? 그것은 아직도 수학이 공동의 도구와 주제를 다루고 있는 하나의 학문이라는 믿음 때문이다." 그러나 수학의 분야가 다양해지고 특히 응용수학 분야가 눈부시게 발전하면서 이러한 통일성에 대한 믿음은 약화되고 있다. 종종 물리학이나 컴퓨터 과학과의 경계가 희미하게 느껴지고, 응용수학에서는 모델을 만들어 사용할 뿐 정리를 증명하는 것이 중요하지 않게 느껴지기도 한다. 하지만 이런 상황 속에서 다양한 분야들이 균형을 맞추며 소통하는 것이 중요해지고 있다.

우리는 여전히 부르바키가 세운 이 '일반화라는' 저택에서 살고 싶은 것일까? 나는 마이클 아티야 경으로부터 배운 근본적인 대안을 말하고자 한다. 그의 견해에 따르면, 새로운 아이디어의 가장 중요한 측면은 종종 심오한 혹은 가장 일반적인 정리에 담겨 있지 않을 때가 있다. 오히려 그것은 가장 단순한 사례들, 단순한 정의들, 그리고 그 첫 번째 결과에 구현되어 있을 때가 있다. 확실히 전문가들이 몇 년씩 공을 들여 증명하는 압도적인 '근본적인 정리'는 이러저러한 것이 일련의 아이디어를 분석하기 위한 가장 올바른 틀이라는 것을 증명하기 위해 가장 중요하다. 하지만 가장 중요한 메시지는 종종 가장 쉬운 부분, 즉 그 이론에서 다른 나머지 부분들의 기초를 이루는 간단하면서도 심오한 관찰에 담겨 있다. 이러한 아이디어들이 바로 국제수학자대회에서 소통되어야만 하는 것들이다.

국제수학자대회의 목표는 모든 수학자들 사이의 대화를 용이하게 하는 것이어야 한다. 다시 말해 자신이 얻어 낸 결과를 다른 분야의 전문가들에게 어떻게 잘 설명할 수 있을지 생각해 보아야 한다는 뜻이다. 각각의 연사는 자신이 나누고 싶은 가장 중요한 새로운 통찰이 무엇인지를 생각해야만 한다. 우리는 순수수학이건 응용수학이건 우리와 관련 있는 다른 분야에서 아이디어를 찾으려고 노력할 준비가 되어 있어야 한다. 진부한 소리처럼 들리겠지만 이것을 실제로 행하기는 어렵고, 점점 무시하고 잊기 쉬운 일이 되고 있다.

– 데이비드 멈포드

♠ 공간

수학에서의 '공간' 개념은 추상적이면서 일반적이다. 리만이 곡률과 비유클리드 공간의 개념을 들고 나오기 전까지 수학과 물리학은 '같은' 공간을 다룬다고 믿었다. 그것은 바로 유클리드가 기술한 단순하고 아름다운 공간이었다. 하지만 리만 이후로 공간은 훨씬 더 복잡해졌다. 미분기하학이나 위상수학이 발달하면서 더 일반적이고 추상적인 공간 개념(예를 들면 '함수의 공간'과 같은)이 요구되었고, 기하학적 직관을 보다 엄밀하게 증명하는 일이 요구되었다. 그 뒤로 수학에서 공간이란 '특정한 성질을 가지는 집합'으로 정의되고, 이 특정한 집합들의 공통적 성질을 다양한 측면에서 분류하고 규명하려는 노력이 여러 분야에서 이루어졌다. 현대 수학은 여러 가지 성질을 부여한 다양한 추상적인 공간을 주제로 삼고 있다.

제9회(1978년)_ 들리뉴, 페퍼만, 마르굴리스, 퀼렌

피에르 들리뉴 : 베유 추측의 증명

들리뉴는 벨기에의 브뤼셀에서 태어나 브뤼셀 자유 대학에서 수학을 공부했는데, 벨기에에 적을 두고 있으면서도 고등 사범학교 및 프랑스 고등 과학연구소를 오가며 공부했다. 박사 학위 논문을 썼을 때 그의 지도 교수는 프랑스 고등 과학연구소에서 만난 알렉상드르 그로텐디크였다. 논문을 마친 후 들리뉴는 스승과 함께 공동 작업을 시작했다. 그로텐디크가 창조적인 업적을 이끌던 시기에 들리뉴는 그로텐디크의 한쪽 팔이었다.

그는 다른 필즈상 수상자들과 공동 작업을 많이 했는데, 그로텐디크 외에도 세르나 멈포드와 함께 연구를 하기도 했다. 그는 고등 과학연구소에서 종신 연구원의 지위를 획득했지만 1984년에 프린스턴 고등연구소로 자리를 옮겼다. 이 시기에 정수론 분야에서 베유 추측을 해결한 것이 들리뉴의 가장 중요한 업적이며, 이것으로 그는 필즈상을 수상하게 된다.

들리뉴는 스승 그로텐디크와 함께 크라포드상의 수상자로 결정되었지만 그로텐디크가 수상을 거부함에 따라 자동적으로 상을 받지 못했다. 일부 사람들은 그로텐디크가 남긴 글에 들리뉴를 비난하고 증오하는 듯한 표현이 있다는 것을 증거로 들어, 들리뉴와의 공동 수상이었기 때문에 그로텐디크가 수상을 거부한 것이라고 주장하기도 한다. 한때 스승과 제자 사이이자 동료였던 그 둘의 사이가 벌어진 것은 사실이지만 그 때문에 그로텐디크가 수상을 거부했다고 보긴 좀 어렵지 않을까. 강직하고 괴팍한 그로텐디크와 결별했다고 들리뉴를 비난해야 할 이유가 없듯이 말이다.

그가 업적을 남긴 베유 추측이란 흔히 페르마의 마지막 정리라고 불리며 한때 타니무라-시무라-베유 추측이라고 불렸던 페르마-와일즈 정리(타니무라-시무라-와일즈 정리)와는 다른 문제이다. 베유는 다항 방정식에 대한 연구를 통해 기하학적 대상의 어떤 속성이 순전히 대수적으로 결정될 수 있는지를 물었다. 이는 다항방정식의 정수해에 대한 질문을 대수기하학 질문과 관련시키는 것이었다. 다시 말하면 이것은 유한체(갈루아체) 위의 대수적 다양체에 관한 문제로부터 파생된 함수(제타 함수)에 관한 여러 개의 추측으로 이루어져 있다. 이 질문은 디오판토스 방정식(해가 정수인 방정식)에 관한 가우스의 연구로부터 시작되어 베유에 의해서 정리된 것으로, 궁극적으로는 리만 가설과 깊은 관련이 있다. 첫 번째와 두 번째 추측은 각각 드워크와 그로텐디크에 의해서 증명되었는데, 세 번째 추측을 증명한 사람이 바로 들리뉴였다.

찰스 페퍼만(1949~).

찰스 페퍼만 : 필즈상을 거머쥔 수학 신동

페퍼만은 장 피에르 세르 다음으로 가장 젊은 나이에 필즈상을 받은 기록을 보유하고 있다(만 29세에 수상). 그는 라르스 알포르스와 마찬가지로 복소해석학 분야에서의 업적을 인정받아 필즈상을 수상했다. 그는 해석학의 다양한 분야에 많이 기여한 생산적인 학자로 평가받는다.

수학 신동이라는 면에서 2006년 수상자 테렌스 타오 외에 페퍼만에게 필적할 다른 필즈상 수상자는 별로 없을 것이다. 페퍼만은 이미 열두 살이 되기 전에 미적분을 다룰 수 있었다고 한다. 메릴랜드 대학교를 열일곱 살 때 졸업하였으니, 석·박사 과정을 3년 만에 딴 셈이다. 페퍼만은 젊은 천재로 만 22세에 정교수가 된 기록을 보유하고 있다(미국에서는 역사상 가장 젊은 나이이다).

그가 스스로 말하는 연구 스타일은 소파에 앉아서 몇 시간이고 형태와 관계, 변화에 대해 깊이 생각하는 것이라고 한다(그는 수론보다는 기하학적 직관에 더 뛰어난 천재인 듯하다). 그는 이렇게 말한다.

새로운 아이디어는 찾기 어렵다. 운 좋게도 정말로 옳은 아이디어를 얻었다 해도 그것이 옳다는 것을 알기 전까지 오랜 시간이 걸릴 수도 있다. 반대로 어두운 골짜기에서 헤매고 있을 때도, 그 사실을 알기 전까지 오래 걸릴 수 있다. "이런, 몇 년 동안 잘못된 곳에서 헤맸군."이라는 탄식으로 끝나는 것이다. 좋은 수학자는 많은 작업을 시작했다가 버릴 수 있는 용기를 가져야만 한다.

그리고리 마르굴리스 : 리군론의 대가

필즈상과 울프상을 받은 마르굴리스의 주요 업적은 군론에 대한 기여로, 리군에 대한 연구였다. 희대의 천재 갈루아가 군 개념을 도입함으로써 추상대수학과 현대 수학으로의 길을 연 뒤로 많은 수학자들이 새로운 군을 발견하고 그 군의 특성을 연구했다. 이러한 대수학적 연구 결과는 정수론과 해석학, 기하학, 심지어는 물리학으로까지 확장되었다. 이 중에서 노르웨이의 수학자 소푸스 리의 이름을 딴 리군과 리 대수는 가장 중요한 연구 분야 중 하나였다. 마르굴리스는 리군에 관한 셀베르그-피아테츠키-샤피로 추측이라는 문제를 해결했다. 오랜 역사가 쌓여 있는 만큼 많은 연구가 이루어졌지만 그만큼 결정적인 진보를 나타내기 어려운 분야에서 마르굴리스는 심오하면서도 독창적인 업적을 남김으로써 명성을 얻었다.

그리고리 마르굴리스(1946~).

그의 업적은 조합론, 미분기하, 에르고딕 이론(Ergodic theory), 동역학계(Dynamical system), 군론 등 다방면에 걸쳐 있었다. 하지만 그는 노비코프와 함께 정치적인 이유로 시상식에 참여하지 못했던 두 명의 구소련 수학자 중 한 명이 되었다. 당시 수학자대회가 열렸던 헬싱키는 냉전의 긴장을 가라앉히기 위한 헬싱키 조약이 맺어졌던 곳이었기 때문에 정치적 탄압으로 인한 불참은 더더욱 비극적으로 느껴졌다. 그러나 냉전이 종결된 이후 그는 1991년 미국의 예일 대학으로 건너갈 수 있었고, 학과장을 거쳐 현재까지 그곳에 머물고 있다.

대니얼 퀼렌 : 고차 대수적 K 이론

퀼렌은 화학 공학자 출신의 물리 교사였던 아버지 밑에서 태어나 자연스럽게 수학과 과학에 친숙한 우등생이었다. 그는 하버드 대학교에 진학해 편미분방정식에 관한 논문으로 박사 학위를 받았다. 그 후 MIT에 임용되었지만 파리에 가서 연구원으로 지내며 그로텐디크의 영향을 받았고, 프린스턴 고등연구소에서는 아티야의 영향을 받았다.

그는 기하학과 위상수학에서 성공적으로 사용되고, 특히 환과 가군(加群, module)의 이론 등 대수학에서의 주된 문제를 해결하는 데 쓰인 새로운 도구인 '고차 대수적 K 이론'을 만든 공로로 필즈상을 받았다.

아티야의 주요 업적 중 하나인 K 이론은 대수적 위상학의 한 분야이다. 대수기하학은 리만에 의해서 기초가 다져졌다고 할 수 있지만 (물론 다른 학자들의 기여가 당연히 이어졌지만) 무엇보다 그로텐디크의 스킴 이론(Scheme theory)에 의해서 더욱 추상적으로 심화되었다. 아티야는 가환 대수학에 대한 그로텐디크의 아이디어를 위상학적 K 이론으로 이어 갔고, 이들의 다음 세대인 퀼렌은 대수적 K 이론으로 발전시켰다. 이 이론은 최근 물리학의 끈 이론에 적용되어 응용 분야를 새롭게 확장하고 있다.

퀼렌이 스물네 살에 박사 학위를 받았을 때 그는 바이올리니스트인 아내와의 사이에서 이미 두 명의 아이를 두고 있었다(그들은 모두 여섯 명의 아이를 낳았다). 가정적인 그는 사교적인 행사를 즐기지는 않았지만 가끔 모습을 드러낼 때마다 항상 비범한 정리나 아이디어를 들고 나타난다는 평가를 받았다. 65세가 된 2006년에 은퇴했다.

알랭 콘느 : '폰 노이만 대수' 연구

콘느는 많은 업적을 갖고 있지만 특히 대수학과 물리학의 관계에 기여한 업적이 크다.

이공계에 가면 가장 먼저 배우는 것이 미적분학이다. 이것은 수학에서는 엄밀히 해석학의 영역에 속하는데 처음에는 변항이 한 개에서 여러 개로, 실수에서 복소수로 확장되면서 다변수 해석학, 복소해석학 등으로 전개된다. 미적분 함수의 변환을 다루면 함수해석학이라는 분야가 되는데, 이 분야가 바로 여기서 이야기하려는 힐베르트 공간과 깊은 관련이 있다.

n차원 유클리드 공간에서 한 점은 X_1, X_2, X_3 …… X_n으로 표현된다. 이 점이 원점으로부터 떨어진 거리는 피타고라스 정리에 의해 $X_1^2 + X_2^2 + X_3^2$ …… 제곱의 합과 관련이 있다. 만일 이 n차원을 무한한 차원으로 확장하면 이 함수는 제곱의 무한수열의 합이 된다. 이러한 성질의 대수적 구조를 가진 추상적인 벡터공간을 '힐베르트 공간'이라고 한다. 이와 유사하되 점 대신 함수로 대체한 공간을 L2라고 하는데, 힐베르트 공간 H와 함수 공간 L2는 본질적으로 같은 성질을 지닌다. 1922년 스테판 바나흐는 '바나흐 공간'이라는 개념을 도입했는데 이것은 H와 L2를 모두 포함하는 좀 더 일반적인 벡터 공간이다.

여기까지 이해하는 게 좀 어려우면 이 추상적인 벡터 공간이 초기 양자 역학 이론인 하이젠베르크의 행렬역학과 슈뢰딩거의 파동함수

알랭 콘느(1947~).

를 만족시키는 공리적인 정식화에 사용되었다는 것을 기억하면 된다. 그 역할을 수행한 것이 바로 천재 중의 천재 폰 노이만이었다. 그의 체계 안에서 양자계의 무한히 많은 상태는 힐베르트 공간의 점의 좌표로 해석되며, 이 물리계의 물리적 양은 연산자로 표현된다. 따라서 양자역학은 힐베르트 공간에서의 특정한 연산자들의 수학으로 환원 가능해진다. 하이젠베르크의 불확정성 원리는 여기서 상응하는 연산자들의 비가환성으로 번역될 수 있다.

계의 물리적 양을 나타내는 연산자에 대한 연구는 '폰 노이만 대수'라는 이름으로 현대 수학에서 중요한 분야가 되었다. 이 분야에 대한 공헌으로 필즈상을 수상한 대표적인 인물은 1983년 수상한 알랭 콘느와 1990년 수상한 보언 존스이다.

윌리엄 서스턴 : 3차원 다양체의 유형 추측

서스턴의 가장 큰 공로는 기하화 추측이라는 것이다. 이것은 푸앵카레 추측을 해결하는 데 결정적인 역할을 한 발견이었다.

푸앵카레 추측을 설명하면서 말했듯이 구의 표면에서의 경우 모든 경로는 근본적으로 하나의 점으로 축소될 수 있다. 게다가 이런 성질을 가진 닫힌 가향적 표면은 구밖에 없다('가향적'이라는 것은 시계 방향과 반시계 방향을 구별할 수 있다는 뜻이다). 구멍이 있는 도넛의 경우 구멍을 통과하는 경로는 점으로 축소될 수 없기 때문이다. 푸앵카레는 이러한 호모토피 군의 개념을 3차원 이상으로 확장시켜 대수적 방법에 의한 위상학적 분류를 시도했다. 5차원에 대해서는 이미 스메일이 해결했다. 그렇다면 3차원은 어떻게 해결해야 할까. 서스턴은 놀랍게도 대수적 방법 외에 기하학적 방법을 도입함으로써 이 문제를 해결하려 했다.

그는 3차원 표면에서 여덟 개의 가능한 기하학이 존재한다는 것을 밝혔다. 그런데 모든 3차원 표면이 이 중 오직 한 가지 기하학과 대응하는 것이 아니었기에 표면을 쪼개서 서로 다른 기하학을 적용해야 했다. 다행히도 또 다른 필즈상 수상자인 존 밀노어가 이미 1962년에 적절한 2차원적 절단을 통해 3차원 표면이 본질적으로 독특한 방식으로 쪼개진다는 것을 증명하였으므로 그에 따라 하나씩 적용해 처리해 나가기만 하면 되었다. 서스턴이 어떤 문제를 직접 해결한 것은 아니었으나 3차원 다양체의 유형을 밝혀낸 공로로 그는 필즈상을 받을 수 있었다. 그리고리 페렐만은 서스턴의 이 추측을 증명함으로써

2006년 필즈상 수상자로 선정되었다.

서스턴은 학자 생활의 절정기가 지난 1990년대부터 학문 연구보다는 수학 교육과 대중화에 더 힘쓰기 시작한 것으로 유명하다. 서스턴이 새로운 분야에 뛰어들어 짧은 시간 안에 너무 많은 업적을 남기자 경쟁을 기피한 다른 학자들이 이 분야의 연구를 포기함으로써 동료들로부터 소외되기 시작했던 것이다. 그는 이후 과학 잡지의 편집인으로도 활동했으며 기하학 센터에서 고차원과 위상적 공간에서 기하학이 어떻게 시각적으로 지각될 수 있는지를 보여 주는 프로그램을 만들기도 했다.

야우 싱 퉁 : 교육에 힘쓰는 유일한 중국인 수상자

중국 출신으로 필즈상을 받은 최초이자 유일한 인물이다. 그의 주요한 업적은 이론물리학에 깊은 함의를 지니는 것들이다. 특히 가장 중요한 것은 대수기하학의 칼라비 추측(Calabi conjecture)을 정리한 것인데, 그 결과 칼라비-야우 다양체라는 개념이 사용되고 있다. 이 다양체는 많은 차원이 복잡하게 이어져 있는 기하학적 대상을 수학적으로 다룰 수 있게 해 준다. 최신의 이론물리학 조류인 끈 이론에서는 숨겨진 6개의 여분 차원이 칼라비-야우 다양체로 나타난다고 보고 있기 때문에 매우 중요하게 취급받고 있다.

야우는 중국 본토에서 태어났으나 공산화의 영향으로 1949년 홍콩으로 건너갔다. 경제학자이자 철학자였던 그의 아버지는 홍콩의 대학교에 자리를 잡았지만 빈곤한 편이었다고 한다. 어려움 속에서도 그

야우 싱 퉁(1949~).

의 아버지는 야우에게 철학과 수학에 계속 관심을 가지도록 독려했다. 야우가 열네 살이 되던 해 아버지가 죽고, 야우는 가정교사를 하면서 집안을 돕는 한편 학업을 계속했다. 그러던 어느 날 야우의 재능을 알아본 그의 스승 중 하나가 유학을 주선했고 다행스럽게도 야우는 장학금을 받으면서 공부할 수 있게 되었다.

학자로서의 야우의 삶은 그 뒤로 순조롭게 풀려나갔다. 1971년 박사 학위를 받은 뒤 고등연구소의 연구원이 되었고, 1972년에는 뉴욕 주립 대학교 스토니브룩 캠퍼스의 조교수가, 1974년에는 스탠퍼드 대학교의 조교수가 되었다. 그는 스탠퍼드의 정교수를 거쳐 다시 고등 연구소로 돌아가 교수가 되었고, 1984년에는 캘리포니아 샌디에이고 대학교의 학장을 맡았으며, 1988년에는 하버드 대학교의 교수가 되었다. 그 뒤로 그는 중국과 미국을 넘나들며 아직까지 연구 생활을 하고 있다.

그는 편미분방정식, 대수기하학에서의 칼라비 추측, 일반 상대성이론 등에 대한 기여를 인정받아 1982년 필즈상을 받았다. 그의 연구는 비선형 방정식과 편미분방정식을 비롯해 위상학, 대수기하학, 표현론, 일반 상대성, 미분기하학 등을 통해 기하학과 물리학의 접합 분야에서 큰 영향을 끼친 것으로 평가되고 있다.

어려움을 딛고 학문의 길에 들어섰던 야우는 수학 교육에 많은 노력을 기울였다. 그는 개인 재산을 장학금으로 내놓고 수천 권의 책을 기부했다. 또한 수학 교육과 연구를 위한 기금 마련을 위해 누구보다도 두드러진 노력을 함으로써 자신이 받았던 행운을 후학들에게 몇 배 더 큰 선물로 돌려주고 있다.

> ♠ **야우와 페렐만**
>
> 클레이 수학 연구소는 7개 난제의 해결에 100만 달러씩의 상금을 내걸었고, 푸앵카레 추측은 그중 하나였다. 그러나 페렐만은 학자들의 네트워크에 논문의 개요만 올렸을 뿐이었다. 이것은 정식으로 심사를 받고 학술지에 게재한 논문이 아니었다. 물론 페렐만은 몇몇 대학에서 초청을 받아 자신의 아이디어를 설명하긴 했지만 논문으로 완성시킬 생각은 없어 보였다. 이 증명의 개요를 완전한 논문으로 다듬은 것은 중국 학자들이었다. 클레이 수학 연구소에서 푸앵카레 추측의 해결로 인해 수상자를 결정할 때 야우는 중국의 후학들이 그 상금을 받아야 한다고 생각했고, 이 주장은 수학자 사회에 논란을 일으켰다.

제11회(1986년)_ 도널드슨, 프리드먼, 팔팅스

사이먼 도널드슨 : 4차원 다양체 연구의 선구자

도널드슨과 아래 언급될 프리드먼의 업적은 모두 4차원에서의 푸앵카레 추측의 해결과 깊은 관련을 맺고 있다. 5차원 이상의 미분 다양체의 분류는 1962년 세르게이 노비코프에 의해 이루어졌고 그는 이 연구로 1970년 필즈상을 받았다. 그런데 오히려 어려운 것은 4차원 공간의 미분기하학이다. 왜냐하면 이 공간은 유클리드 공간의 회전군이 복잡한 유일한 경우이기 때문이다. 마이클 프리드먼과 사이먼 도널드슨은 이 문제를 해결하였고, 그 결과 이들은 각자의 공로를 인정받아 함께 필즈상을 수상하게 되었다.

사이먼 도널드슨은 1999년 폴리야상을 받았다. 헝가리의 수학자 폴리야의 이름을 딴 상은 두 가지가 있다. 도널드슨이 받은 것은 폴리야가 60년이 넘도록 회원으로 활동했던 런던수학회에서 그를 기념해 수여하는 상이었다. 이 수학회에서는 3으로 나누어떨어지는 해마다 드 모르간 메달을 수여하기 때문에 나머지 두 해에는 폴리야상을 수여한다. 이 상은 '영국 내의 수학 연구에서 두드러진 창의성, 창조적인 전개 혹은 뛰어난 업적을 기리기 위해' 수여되며, 드 모르간 메달을 받은 사람은 폴리야상을 받을 수 없다.

참고로 드 모르간 메달은 1884년부터 시상되는 유서 깊은 상인데 아서 케일리, 펠릭스 클라인, 고드프리 하디, 버트런드 러셀, 로저 펜로즈 등 많은 전설적인 수학자들이 이 상을 받았다. 하지만 영국 내

사이먼 도널드슨(1957~).

에서 이룬 업적만 인정한다는 제한 때문인지 도널드슨을 제외하면 필즈상 수상자 중에 드 모르간 메달을 받은 사람은 마이클 아티야밖에 없다. 1987년부터 수여된 런던수학회 폴리야상을 받은 필즈상 수상자도 사이먼 도널드슨뿐이다.

도널드슨의 다른 업적으로 도널드슨-플라워 이론이 있다. 이것은 4차원 다양체에 대한 연구였는데 훗날 다른 필즈상 수상자인 이론물리학자 위튼에 의해서 물리적으로 확장되어 중요한 도구가 되었다.

재미있는 일화로 몇 년 전 한국 신문에 도널드슨 교수의 이름이 일제히 언급된 적이 있었다. 그것은 서울대 박종일 교수와 서강대 이용남 교수팀이 4차원 다양체에 대한 추측(일명 '세베리의 추측')에 대한 반례를 찾아낸 쾌거와 관련이 있었다. 그리고 이 성과에 대해 필즈상 수상자인 도널드슨 교수가 "우리 학교에 온다면 당장 정년을 보장하겠다고 할 만큼 대단한 업적이다."라며 보낸 찬사를 각 신문에서 인용하여 보도했다. 수학 뉴스가 대중의 관심을 끌지는 못하지만, 필즈상 수상자의 찬사를 받았다는 것에서 그 중요성을 짐작한 독자는 얼마나 되었을지 궁금하다.

♠ 4차원의 연구

공간을 연구하는 데 차원의 개념을 쓰는 경우가 있다. 일반적으로 어떤 공간에서의 위치를 나타내는 데 n개의 변수가 필요하다면 그것은 n차원이다. 우리가 알기로 지구 표면은 가로, 세로, 높이가 존재하는 3차원이지만 경도와 위도로 그 위치를 나타낼 수 있다면 2차원 표면으로 간주할 수 있다. 이렇게 고차원의 대상이지만 부분적으로는 유클리드 2차원으로 간주할 수 있는 수학적 대상을 '다양체'라고 부른다.

종종 언급되었다시피 수학자들은 이러한 다양체를 분류하는 여러 가지 방법들을 개발했다. 그러나 고차원에 대해서는 이러한 연구가 쉽게 이루어졌지만, 3차원과 4차원의 분류는 매우 어렵다는 것이 밝혀졌다. 쉽게 표현하자면 모나거나 쭈글쭈글한 표면과 매끈한 표면이 있을 때 고차원에서는 다리미질로 쉽게 주름을 펼 수 있는 반면, 4차원에서는 모양이 너무 복잡해서 쉽지 않다고 받아들일 수 있을 것이다.

마이클 프리드먼은 어떤 불변식을 이용해 4차원 다양체의 유형들을 분류할 수 있다는 사실을 증명했다. 이것은 쉽게 말하자면 조각들(벽돌들)을 이용해 4차원 다양체를 만들 수 있으며, 그 조각들의 2차 형식을 이용해 다양체의 유형을 분류할 수 있다는 것이었다. 여기에 사이먼 도널드슨은 어떤 4차원 다양체에서는 매끄럽게 펴고 당긴다고 해도 주름을 제거할 수 없다는 사실을 증명했다. 그의 연구는 프리드먼의 방식에 따라 같은 2차 형식으로 표현된다고 하더라도 성질이 다른 다양체가 존재함을 포함하는 것이었고, 그에 따라 4차원은 다른 차원들과는 달리 특이한 성질을 갖고 있다는 의미를 담고 있었다. 난해한 도널드슨의 불변식은 수학과 물리학

모두에 대해 심원한 함축을 갖고 있기에 4차원 다양체에 대한 그의 분류법을 발전시키려는 노력은 계속 이어지고 있다.

마이클 프리드먼 : 응용수학에 도전하다

마이클 프리드먼은 조금 특이한 경력을 갖고 있다. 그는 필즈상을 받은 이후 수학계를 떠나 마이크로소프트 사의 수학 고문으로 들어갔는데, 4차원의 푸앵카레 추측을 해결한 이후 진정으로 흥미를 끄는 수학적 문제를 발견하지 못했다고 한다. 차라리 응용수학의 실질적인 연구에 도전해 보겠다고 생각한 그는 마이크로소프트 연구소의 초청에 응해 지금까지 그곳에서 수학자로 일하고 있다.

그의 최근 연구 분야는 '양자 컴퓨터'라고 알려져 있다. 컴퓨터는 전기적으로는 on/off의 이진법적 논리회로를 통해 계산하는데, 양자 컴퓨터는 서로 상이한 상태를 동시에 가질 수 있는 양자 중첩 상태를 이용해 놀라운 계산 속도를 낼 것으로 기대되고 있다. 특히 프리드먼 팀은 위상학적 양자 컴퓨터라는 모델을 연구한다. 이것은 다른 모델들과 계산력에서는 동등하지만 어떤 알고리즘에 있어서는 더욱 빠른 계산 능력을 갖는 것으로 평가받는다.

위상학적 계산 이론은 위대한 폴란드의 논리학자 알프레드 타르스키로부터 비롯된다. 그는 논리적인 단위가 위상학적으로 서로 다른 기하학적 대상으로 간주될 수 있음을 증명하여 위상학이 계산 이론에 응용될 수 있는 가능성을 열었다.

질문 양자 컴퓨터는 어떻게 응용될까요?

답(프리드먼) 유명한 응용 분야의 대부분은 암호학에 관한 것입니다. 하지만 그것은 복잡한 물질의 구성에서 일어날 혁명에 비하면 각주에 불과하겠죠. 어떤 물질의 속성을 미리 모사(시뮬레이션)하는 것은 매우 어렵습니다. 심지어 물과 같은 단순한 물질에서도요. 하지만 양자 컴퓨터로 양자계를 모사한다면 이 계산은 매우 빨라지게 될 겁니다. 우리는 아직 만들어지지 못했던 물질을 디자인하는 데 양자 컴퓨터가 도입될 것이라고 믿습니다. 특이한 자성체나 전자기 장치, 약의 개발 등에서 말이죠.

질문 당신은 100년 가까이 풀리지 않던 문제를 풀어 필즈상을 받았습니다. 어려운 문제를 푼다는 건 어떤 기분인가요?

답 글쎄요. 제 경우에는 해답을 향해 가던 점진적인 과정의 마지막 걸음이었을 뿐입니다. 100년 전에는 누구도 이 문제를 어떻게 풀어야 할지 몰랐죠. 100년이 지난 후 고독한 연구자가 이런 거대한 문제를 혼자 풀 수 있는 건 아닙니다. 공동체의 지식과 이해가 어느 수준까지 성장하고, 누군가가 그것들을 하나로 묶어 새로운 생각을 내놓고, 이러한 노력이 결합되었을 때 비로소 마지막 지점에 이르게 되는 것이죠.

게르트 팔팅스 : 정수론의 해결사

팔팅스는 정수론에서 50년이나 된 유명한 모델 추측을 해결했는데, 이 모델 추측은 이제 '팔팅스 정리'라고 불리고 있다. 모델 추측은 1920년대에 수학자 루이 모델이 디오판토스 방정식의 유리수 해에 대해 세운 가설 중 하나로, 반세기가 지난 1983년 게르트 팔팅스가 이를 증명하였다. 이 증명에는 대수기하학의 방법론이 쓰였는데 여기에도 위대한 수학자 그로텐디크의 그림자가 드리워져 있음을 알 수 있다.

팔팅스의 또 다른 업적은 앤드루 와일즈의 페르마의 마지막 정리의 증명과 깊은 관련이 있다. 그는 $x^n + y^n = z^n$에서 n이 2이상일 때 이것을 만족시키는 서로소인 정수 x, y, z가 유한하다는 것을 증명했다. 이것은 페르마의 마지막 정리에 대한 중요한 진전 중 하나였다(물론 그의 방법을 확장시킨다고 해서 그 숫자가 0이라는 결정적인 증명으로 이어지지는 않았다). 팔팅스는 와일즈의 최종 증명이 옳음을 검토한 사람 중 한 명이다.

제12회(1990년) 수상자_ 드린펠트, 존스, 모리, 위튼

블라디미르 드린펠트 : 랭런즈 추측에 새로운 개념 도입

구소련 출신의 많은 수학자들이 그러하듯이 드린펠트 역시 과학자 집안 출신이다. 그 또한 15세에 수학 올림피아드에서 최고 득점으로 금메달을 딴 영재 출신이기도 하다. 그는 모스크바 대학교를 졸업한 후 저명한 수학자이자 이론물리학자인 유리 마닌 밑에서 연구를 계속했다.

뛰어난 능력을 가지고 훌륭한 스승 아래서 공부를 했음에도 불구하고 모스크바에서 일자리를 구하는 것은 매우 어려웠다. 표면적으로는 당시 소련이 여권에 기재된 공식 주소지에서만 교직을 얻을 수 있게 허락하고 있었기 때문이었지만, 사실 그의 유태인 혈통이 문제가 되었다고 한다. 그래서 그는 소련 학문의 중심지인 모스크바가 아닌 지방 도시 우파와에 있는 카로프 대학교에서 수학을 가르치며 연구를 계속해 나가야 했다.

드린펠드는 양자군과 수론, 특히 랭런즈 추측(Langlands conjecture)을 아주 중요한 특수한 경우에 해결하는 업적을 세웠다. 랭런즈는 수학의 서로 다른 분야들을 과감하게 연결시키는 추측들을 제시하며 그것들을 함께 풀어 나가자고 제안했다. 이것을 '랭런즈 프로그램'이라고 부르는데, 주로 군론과 수론을 연결시키는 과감한 추측이다. 드린펠드는 제한적인 경우에 대해서만 증명을 내놓았지만 그 과정에서 새로운 테크닉과 개념을 도입함으로써 앞으로의 발전을 위한 초석을 닦은 것으로 평가된다. 최근 젊은 베트남 수학자 응고 바오 차우가 랭런즈 프로그램의 근본 정리(fundamental lemma)를 해결해 이 분야에서 지속적으로 필즈상 수상자가 나올 희망을 심어 주고 있다.

드린펠드는 구소련이 붕괴된 이후 우크라이나의 영토가 되어 버린 우파와의 카로프 대학교에 있다가 1998년 미국으로 이민해 시카고 대학교의 교수가 되어 현재까지 재직 중이다.

> ♠ 랭런즈 프로그램과 필즈상
>
> 앞서 나왔던 셀베르그의 다른 업적은 대각합 공식이라는 것인데 이 업적은 군 이론, 모듈 이론 등 여러 분야에 응용되면서 랭런즈 프로그램의 탄생에 영향을 끼쳤다. 랭런즈 프로그램은 로버트 랭런즈가 1967년 앙드레 베유와 나눈 서신 교환에

서 탄생한 것으로, 수학의 다른 분야들을 서로 연결시키는 대범한 추측들로 이루어져 있다. 특히 정수론에 있어서 대수학(군론의 표현론)과 해석학(자기동형 형식)을 연결시키는 고리를 제공하는 것이 중요한데, 앤드루 와일즈가 타원방정식과 모듈 형태의 상관관계를 입증함으로써 정수론의 오랜 문제인 '페르마의 마지막 정리'를 증명한 것은 랭런즈 프로그램의 중요한 발전 단계로 간주되고 있다.

랭런즈 프로그램의 뿌리를 깊이 파고 들어가면 오일러와 르장드르가 추측하고 가우스가 증명한 '이차나머지의 상호 법칙'이라는 정수론의 기초적인 원리가 나타난다. 어떤 정수 n과 a에 대해서 a를 n으로 나눈 나머지가 어떤 적당한 정수 x의 완전제곱수일 때, a를 n의 이차나머지라고 부른다. 여기서는 나머지가 같다는 것을 나타내는 모듈 산법이 사용된다.

$$x^2 \equiv a \pmod{n}$$

예를 들어, 3의 제곱인 9를 7로 나누면 나머지가 2이므로 $3^2 \equiv 2 \pmod 7$로 쓸 수 있고 2는 7에 대한 이차나머지라고 할 수 있다. 만일 서로 다른 두 소수 p, q가 서로의 이차 나머지인 경우, 즉 다음과 같은 식이 성립하는 대칭적 관계를 이차상호법칙이라고 부른다.

$$\begin{cases} x^2 \equiv p \pmod{q} \\ y^2 \equiv q \pmod{p} \end{cases}$$

이것은 가우스가 '정수론은 과학의 여왕인 수학이 쓰고 있는 왕관이며, 이차상호법칙은 이 왕관의 빛나는 보석이다.'라고 말한 중요한 원리이다. 랭런즈 프로그램은 이러한 관계를 일반적인 수보다 더 추상적인 함수체로 확장시켜 이 상호 법칙을 완전히 이해하려는 시도와 관련이 있다. 드린펠드와 라포르그는 이 프로그램을 성공적으로 발전시킨 업적을 인정받아 필즈상을 수상하였다.

보언 존스 : 매듭 이론의 위상학적 분류

존스의 업적은 폰 노이만 대수 연구에서 발견한 다항식 불변량을 매듭 이론에 도입한 것이다.

매듭 이론은 위상수학의 한 분야이다. 1848년 가우스의 제자인 요한 리스팅은 '토폴로지(topology)'라는 이름을 짓고 처음으로 이에 대한 책을 내놓았다. 이 책의 상당 부분은 3차원 공간 내의 닫힌곡선, 즉 매듭에 할애되어 있다. 매듭 이론은 사실 표면 이론과 깊은 관련이 있다. 매듭이 주어지면 우리는 이것을 튜브 형태로 확장할 수 있다. 만일 이것을 3차원적으로 다룬다면 매듭은 가운데에 구멍이 있는 입체적인 구조가 된다. 우리는 여기에 대해서 전통적인 위상학적 방법론을 적용해 많은 연구를 할 수 있다. 1978년 조프리 헤미온은 이러한 방법으로 모든 매듭을 위상학적으로 분류하는 데 성공했다.

좀 더 직접적인 방식으로 매듭을 연구하는 분야도 있었다. 일찍이 막스 덴은 1910년에 매듭의 대수적 기술을 시도했다. 제임스 앨리그잰더는 1928년 다항식의 형태로 매듭을 표현하는 법을 도입했다. 대응하는 다항식이 다르면 매듭의 형태도 다르게 된다. 하지만 이 방법은 왼쪽 매듭과 오른쪽 매듭을 구별하지 못하는 단점이 있었다. 1984년 보언 존스는 음수 지수를 갖는 변항을 사용하는 새로운 유형의 다항식을 불변항으로 규정함으로써 교차 방향까지 고려하는 방법을 개발했다. 존스는 폰 노이만 대수의 연구를 통해 이 다항식을 간접적으로 연구했는데, 그는 나중에 이 다항식과 통계역학 사이의 예상치 못한 관계를 밝혀내기도 했다. 그는 이 연구의 성과를 인정받아 1990년에 필즈 메달을 받았다. 이것은 위튼에 의해 물리학적으로 확장되어 양자장론의 수학적 연구에 쓰이기도 하였다.

보언 존스는 필즈상 수상자 중 유일한 뉴질랜드 인이다. 그는 고향

보언 존스(1952~).

인 뉴질랜드에서 석사 학위까지 마쳤다. 사실 뉴질랜드가 수학의 강국은 아니어서 그런지 존스는 어릴 때부터 뉴질랜드의 각종 상과 장학금을 넘치도록 받은 수학 우등생이기도 하다. 그는 제네바의 에콜드 피지크(L'école de Physique)로 옮겨가 결국 에콜 마테마티크(L'école Mathématique)에서 박사 학위를 받았고, 그 직후 미국으로 건너가 현재까지 미국에 머무르고 있다. 현재는 캘리포니아 버클리 대학의 수학과 교수이다. 이곳은 스티븐 스메일을 비롯해, 보셔즈, 존스 등 세명의 필즈상 수상자를 보유하고 있는 저력 있는 학과이기도 하다.

존스는 매우 자유분방한 연구 스타일로 유명하다. 그는 동료들과 열정적으로 의견을 교환하며 자신의 새로운 아이디어를 알리는 일에 적극적이다. 수학에서 공저가 많은 이유도 수학의 공동 연구라는 오랜 관습 때문이지만, 페르마의 마지막 정리를 증명한 앤드루 와일즈처럼 업적을 독식하기 위해 자신의 아이디어를 숨기는 경우도 많다. 존스는 이와 반대로 근대 이후 수학적 공동체를 지탱해 온 개방적인 자세를 적극적으로 실천하는 학자이다. 자유분방한 그의 성격은 재미있는 에피소드를 만들기도 하는데, 1990년 교토에서 열린 수학자 대회에서 위아래로 '모두 검은' 럭비 복장을 하고 강의했던 일은 전설적인 사건으로 남아 있다.

모리 시게후미 : 대수기하학의 근본적인 문제 연구

3차원 대수다양체의 분류에 관한 모리 이론을 정립한 공로로 수상했다. 그가 연구한 분야는 난해하기로 악명이 높다. 고다이라 이후 필즈상을 수상한 일본인인 히로나카와 모리 모두 대수기하학의 다양체에 관해 연구하는 것은, 어쩌면 잘하는 한 가지를 택해서 그것에 몰두하는 일본의 풍토에서 기인한 것인지도 모르겠다. 노벨상을 받은 일본 과학계의 업적도 그렇고 말이다.

히로나카는 모리를 가리켜 천재라고 언급하기도 했다. 모리 역시 히로나카처럼 교토 대학교 출신이다. 그는 나고야 대학교에서 강사 생활을 하다가 1990년 이후 교토 대학교로 돌아와 계속 후학들을 지도하고 있다. 모리는 1970년대 후반 이후 하버드, 고등연구소, 컬럼비아 등 유수한 대학을 거치며 미국에서 자주 연구하였다.

그는 대수기하학의 근본적인 문제를 연구하였는데, 주로 대수적 다양체를 분류하는 일에 중점을 두었다. 3차원 다양체에 대한 그의 연구 결과를 고차원으로 확장하려는 문제를 '모리 프로그램'이라고 부르며 이는 현재 대수기하학에서 활발히 연구되고 있는 주제이다.

에드워드 위튼 : 순수수학과 물리학의 만남

위튼의 아버지 역시 중력과 일반 상대성이론을 전공한 이론물리학자였다. 위튼은 열다섯 살 때 대학에 들어가 역사학을 전공하고 졸업 후 대통령 선거 캠프의 참모로 일했다. 하지만 스물한 살에 다시 대학으로 돌아가 물리학을 전공하고 스물다섯 살 때 박사 학위를 받은 후, 스물여덟 살에 프린스턴 대학교의 정교수가 된 놀라운 인물이다. 그러나 그 뒤의 활약은 더욱 놀라운 것이어서 현존하는 가장 영향력 있는 물리학자를 꼽으라고 하면 아마 에드워드 위튼이 뽑힐 것이다.

양자론과 상대성이론을 조화시키는 것, 다시 말해 중력의 양자 이론을 만드는 것이 21세기 물리학의 최대의 과제라고 할 때, 위튼은 이를 이끌 유력한 후보로 끈 이론을 제시하고 발전시킨 대표적인 선구자이다. 끈 이론은 열 개의 차원 중 여섯 개의 차원이 칼라비-야우 다양체의 형태로 꼬여 있다고 보는데, 이 열 개의 차원에서 진동하는 끈이 물질과 에너지의 근원이라고 말한다. 끈 이론이 다양한 형태로 가능하다는 것이 밝혀지면서 경쟁하는 이론이 난립하게 되었다. 그러자 위튼은 1995년 기존의 끈 이론들을 한 차원 위의 막 이론으로 통합 가능하다는 것을 밝히며 끈 이론의 제2의 끈 이론 혁명을 주도했다. 필즈상 위원회는 이론물리학과 최첨단 수학의 만남을 주도하고 있는 위튼에게 예외적으로 필즈상을 수여하면서 필즈상 후보의 범위를 넓혔다.

에드워드 위튼(1951~).

마이클 아티야가 1990년대 후반 수학과 물리학의 관계를 설명하던 강연에서 위튼의 이름을 집중적으로 언급했듯이, 이 분야에서 위튼의 역할은 매우 크다고 할 수 있다. 순수수학의 다양한 분야에서 이루어지던 발전이 어떠한 물리적 함의를 지니는지에 대해 위튼만큼 넓고 깊게 통찰한 사람은 없다.

제13회(1994년)_부르갱, 리옹, 요코즈, 젤마노프

장 부르갱 : 바나흐 공간의 재조명

부르갱은 벨기에 인으로 브뤼셀에서 태어나 학업을 마쳤다. 그는 바나흐 공간의 기하학적 성질, 조화해석학, 에르고딕 이론, 비선형 편미분방정식 등을 아우르는 연구로 필즈상을 수상했다. 이 중 바나흐 공간은 오랫동안 연구하기에는 너무나 어려운 대상으로 사실상 방치되었던 분야였다. 그러나 필즈상 수상자인 로랑 슈워츠와 알렉상드르 그로텐디크의 혁신으로 대수기하학에서 오래된 문제들을 새롭게 공략할 수 있는 무기가 주어지자 예전의 문제들을 해결하려는 움직임이 되살아났다. 이 영역의 연구를 인정받아 1994년 장 부르갱, 1998년 윌리엄 티머시 가워즈가 필즈상을 수상하게 된다.

현대 수학에서 공간이란 추상적인 개념이다. 우리가 지각하고 느끼는 공간 역시 물리학과 수학이 탐구하는 공간이긴 하지만, 물리학은 때로는 숨겨진 차원을 탐구하기도 하며 수학에서는 '생각으로만 떠올릴 수 있는' 여러 공간들을 탐구한다. 사영공간, 위상공간, 힐베르트 공간 등에서 이 '공간'이란 주로 어떤 변수가 자유롭게 값을 취할 수 있는 영역이라는 뜻도 된다. 바나흐 공간은 함수의 무한 차원으로 이루어지는 공간으로 추상적인 만큼 매우 다루기가 까다로웠는데, 부르갱은 이 영역뿐만 아니라 다양한 분야에서 해석학적인 연구를 발전·심화시킨 공로를 인정받고 있다.

피에르 루이 리옹 : 비선형 편미분방정식 연구

저명한 수학자 부부 사이에서 태어난 리옹은 같은 해 필즈상을 받은 요코즈와 고등 사범학교를 함께 졸업한 인연이 있다. 그는 현재 콜레주 드 프랑스와 에콜 폴리테크니크에 적을 두고 있다.

그의 주요 분야는 비선형 편미분방정식 연구이다. 우리는 선형 편미분방정식에 대한 공로로 상을 받았던 라르스 회르만데르에 대해 이미 살펴보았다. 비선형 편미분방정식은 역학과 물리학의 여러 문제들과 깊은 관련이 있다. 예를 들어 유체를 기술하는 나비어-스톡스(Navier-Stokes) 방정식은 밀레니엄 문제에 들어갈 정도로 어려운 방정식인데, 이것이 전형적인 비선형 편미분방정식이다.

♠ 선형과 비선형

선형(linear)이란 말 그대로 '직선'에서 온 개념이다. 수학에서는 임의의 원소 u와 v에 대해 다음과 같은 관계를 만족시키는 연산 T를 선형이라고 한다(여기서 c는 임의의 상수).

$$(1)\ T(cu) = cT(u)$$
$$(2)\ T(u + v) = T(u) + T(v)$$

이 정의는 함수에도 유사하게 적용되는데, 쉽게 말해 늘이거나 더하는 것이 '직선'적으로 변환하는 관계를 선형적이라고 부른다. 수학에서 이 선형적인 구조에 대해서는 많은 연구가 이루어져 있다.

하지만 자연이나 사회현상들은 대부분 비선형적으로 나타난다. 비선형 방정식은 현실에서는 해가 정확히 주어지지 않으며 근사적으로 다루는 경우가 많다. 수학적으로 이 비선형 방정식을 다루는 주요 분야는 흔히 복잡계 연구라고 불리기도 하는 응용수학 분야이다. 복잡계 연구에서 다루는 비선형 방정식은 유체의 흐름과 같은 물리적 현상부터 주식이나 인구통계 등 사회적 현상까지 다양한 분야에서 사용된다.

장 크리스토프 요코즈 : 동역학계 문제의 해결사

요코즈는 동역학계에 관한 연구로 많은 상을 받았다. 동역학계란 움직이는 물체들에 의해서 만들어지는 역학적 관계를 말한다. 예를 들어 태양, 지구, 달의 움직임을 기술하는 3체 문제가 바로 동역학계

장 크리스토프 요코즈(1957~).

문제이다.

이 3체 문제는 긴 역사를 갖고 있다. 뉴턴 역학이 두 물체 사이의 상호작용은 매우 깔끔하게 기술하지만, 3개의 물체가 있을 경우 특이한 경우를 제외하면 그 상호작용을 정확하게 기술하는 방정식을 찾는 것이 매우 어려운 일임이 밝혀졌다.

스웨덴의 오스카 2세는 1885년 60세 생일을 기념하고 수학을 장려하기 위한 특별상을 제정하면서 수상 조건으로 3체 문제의 해결을 내걸었다. 결국 푸앵카레가 이 상을 탔으나 안정성 문제는 해결하지 못했고, 비선형 미분방정식에 대한 위상학적 연구를 포함하는 새롭지만 난해한 방법을 도입했다. 의외로 안정적인 궤도와 비안정적인 궤도의 차이는 수론과 관련이 있다는 게 밝혀졌다. 예를 들어 목성과 토성의 공전 주기의 비율은 5대 2인데 이것은 매 10년마다 목성과 토성이 같은 위치에 놓임을 의미한다. 이렇게 주기가 반복되면서 상호 섭동은 공명 현상에 의해서 점점 증대해 결국 안정된 주기는 깨지고 불안정한 움직임이 나타난다. 이것은 '작은 제수 문제'라고 불린다. 두 행성의 상호 섭동이 무한한 합(푸리에 합)으로 표현될 때 유리수의 비는 작은 제수들을 갖는 많은 계수들을 낳아 매우 커지게 된다. 사실상 이것은 그 합을 무한대에 가깝게 한다. 푸앵카레는 이 합이 실제로 무한하며 따라서 궤도는 불안정하다는 사실을 지적하고 있다.

이 안정성 문제는 콜모고로프에 의해서 다시 다루어지는데 그 해법은 블라디미르 아르놀트와 위르겐 모저에 의해서 이루어진다. 그래서 이것은 'KAM 정리'라고 불린다. 이 해는 작은 섭동에 대해서는 대부분의 궤도가 안정적이며 주기적이 아니더라도, 비섭동계에서 주기적인 궤도에 가까워진다는 걸 의미한다. 이 문제를 좀 더 수학적으로 일반화시킨 요코즈는 그 업적을 인정받아 필즈상을 수상했다(1994). 이것은 입자물리학에서 입자를 가속할 때 기본 입자의 안정성과 깊은 관련이 있다.

요코즈의 또 다른 기여는 만델브로 집합에 대한 연구이다. 이것은 흔히 프랙탈 수학이라고 알려져 있다. 삼각형에서 시작해 눈송이로 변해 가는 코흐의 삼각형을 예로 들어 보자. 매우 흥미로운 이 도형은 면적은 한계가 있지만 둘레가 무한대로 바뀌어 간다. 표면적은 무한해지지만 부피는 0으로 가는 멩거 스펀지(Menger Sponge)나 시에르핀스키 삼각형(Sierpiński triangle)도 이와 유사하다. 1918년 펠릭스 하우스도르프는 이러한 도형의 자기 유사성을 수학적으로 나타낼 수 있는 방법을 개발했는데, 로그의 사용으로 이러한 도형들의 차원은 분수 차원으로 나타나게 된다. 그리고 여기에서 분수를 의미하는 '프랙탈'이라는 용어가 나오게 된다. 이러한 프랙탈들은 매우 규칙적으로 진행되는 단계를 따라 구성할 수 있으며, 어떤 부분을 쪼개더라도 전체와 똑같은 도형을 얻게 된다. 단계에 따라 다르게 진행하는 프랙탈도 가능한데, 이러한 프랙탈을 연구한 것은 1920년대의 프랑스 수학자 가스통 쥘리아와 피에르 파투였다. 하지만 이러한 도형을 그리는 것은 매우 어렵기 때문에 깊이 연구되지는 못했다. 컴퓨터 시대가 열린 후에야 비로소 이 두 번째 종류의 프랙탈이 본격적으로 연구되기 시작하였다.

1980년 브누아 만델브로는 기하학적이지 않은 방식으로 독특한 프랙탈을 발견했다. 그는 x^2+c의 복소식을 재귀적으로 진행시켰을 때 c의 값에 따라 흥미로운 패턴이 나타나는 것을 연구하고 있었다. 만일 $c=0$이라면 세 종류의 결과가 나타난다. 단위원을 그리는 패턴, 단위원 내부의 점이 원점으로 수렴하는 패턴, 단위원 밖의 점이 무한으로 발산하는 패턴이었다. 이 c를 자의적으로 바꾸면 매우 흥미로운 패턴이 나타나는데, 마치 딱정벌레를 닮은 듯한 유명한 패턴이 바로 만델브로 집합이다. 1985년 아드리엥 두아디와 존 허버드는 마치 수렴하는 영역과 주기적인 변화가 결합된 듯한 이 독특한 집합의 영역이 한 조각(연결된 집합)이라는 것을 밝혔다. 장 크리스토프 요코즈는 경계선상에 있지 않은 각각의 점은 한 덩어리로 된 집합으로 둘러싸여 있다는 것을 밝혔다.

에핌 젤마노프 : 번사이드 추측의 증명

젤마노프는 대수학 분야에서의 공헌, 특히 첫 번째 번사이드 추측 (Burnside conjecture)의 제한된 형태를 증명한 공로로 필즈상을 받았다. 1902년 윌리엄 번사이드가 제기한 추측은 군론에서 가장 오래되고 중요한 문제 중 하나로, 모든 원소가 유한한 순서를 갖는 유한하게 생성된 군이 반드시 유한군인가를 묻는다. 다시 말하자면 개별적인 원소들을 살펴 전체 군이 유한하다는 판단을 내릴 경우, 그것이 옳은가를 묻는 것이다.

앞에서 우리는 긴 유한단순군의 분류에 대해 잠깐 살펴보았다. 이 군의 성질에 관해 1906년 등장한 두 번째 번사이드 추측은 소수 개수의 원소를 가지는 순환군이 있어야 한다는 것으로, 존 톰슨이 1962년 증명해 1970년 필즈상을 수상했다.

유한한 수의 생성자를 가지며 차수 n의 주기를 가지는 모든 군이 유한한지를 묻는 첫 번째 번사이드 추측은 1968년 반증되었다. 하지만 이 추측을 적절히 제한하면 긍정적인 답이 나온다는 사실을 1991년 에핌 젤마노프가 증명하였고, 이 연구를 인정받아 필즈상을 수상하게 되었다.

> ♠ **젤마노프의 한국 격려**
>
> 젤마노프는 한국 고등과학원의 석좌 교수로 인연을 맺고 있다. 그는 몇 년 전 한국이 2014년 수학자대회를 유치하려고 할 때 지원과 지지를 아끼지 않았다. 당시 그는 다음과 같은 편지를 한국에 보내왔다.

국제수학자대회는 열흘 정도 계속되는 수학 분야 최대의 학술 대회다. 수학의 기본을 배우는 학생에서부터 현존하는 최고의 수학자들까지 한데 어울려 대화와 강의를 공유하는 수학자들의 축제에 가깝다.

나는 1994년 스위스 국제수학자대회에서 필즈상을 받는 기쁨을 누렸다. 필즈상은 과거의 업적에 대한 시상이라는 측면 이외에 미래의 업적에 대한 동기부여라는 측면도 강해서, 수상 시 연령이 만 40세를 넘지 않아야 한다는 조건이 붙어 있다. 러시아의 외진 곳에서 연구하던 나는 필즈상 수상 이후 개선된 연구 환경 속에서 더 좋은 연구를 맘껏 할 수 있게 돼 그 기쁨이 더욱 컸다.

한국에서 수학을 포함한 기초과학의 홀대가 사회문제로 대두되고 있다는 우려할 만한 이야기를 들은 적이 있다. 한국만의 문제는 아니지만, 부디 학문을 존중하는 자랑스러운 전통을 회복하길 바란다.

어쩌면 국제수학자대회 유치를 추진하는 한국 수학자들의 노력은 한국 수학이 세계 수학계 활동에 전면적으로 나설 수 있도록 해 줄 뿐만 아니라, 기초과학을 존중하는 문화를 만들기 위한 전환점이 될 수도 있을 것이라고 생각한다.

제14회(1998년)_ 보셔즈, 가워즈, 콘체비치, 맥멀린

리처드 보셔즈 : 장애를 극복한 천재 수학자

리처드 보셔즈는 대수학 분야에서의 업적, 특히 문샤인 추측(Moonshine conjecture)과 관련된 업적으로 상을 받았다.

앞에서 보았던 내용을 잠시 되살펴 보자. 1980년대 초반에 증명이 완결된 유한단순군의 분류에 의하면, 유한단순군에는 원소의 개수가 소수인 순환군과 5 이상의 자연수에 대응하는 교차군, 그리고 리 형의 단순군이 있으며, 그 밖에도 26개에 달하는 간헐단순군들이

있다. 이러한 간헐단순군 중에서 가장 큰 것은 원소의 개수가 약 80
8,017,424,794,512,875,886,459,904,961,710,757,005,754,368,00
0,000,000개나 되는데 그 엄청난 크기 때문에 '몬스터'라고 불린다.
이 군에 대한 연구에서 군의 특성을 연구할 때 나타나는 수(degree)
들이 정수론에서 사용되는 특정한 함수의 푸리에 계수와 밀접한 관
계가 있다는 것이 우연히 발견되었고, 이에 관한 추측이 바로 '문샤
인 추측'이다. 문샤인이라는 이름은 「몬스트러스 문샤인(Monsterous
Moonshine)」이라는 제목의 논문에서 유래된 이름이다.

군 이론과 정수론의 함수 이론 사이에서 신비하고 밀접한 관계가
있다는 이 문샤인 추측을 입증한 사람이 바로 보셔즈였다. 그는 자폐
증과 유사한 아스퍼거 증후군(Asperger's Syndrome) 환자로 알려져
있는데 이들은 정상적인 사회생활에는 장애가 있지만 매우 뛰어난 지
적 능력을 갖고 있는 것으로 알려져 있다. 하버드 대학교의 심리학과
교수인 배런 코엔은 자폐에 관한 저술에서 보셔즈를 사례 연구로 소
개하기도 했다. 보셔즈는 현재 물리학과 수학이 매우 치열하게 만나
고 있는 등각장 이론(Conformal field theory) 연구에 몰두하고 있는
것으로 알려져 있다.

그가 받은 상 중에 '유럽수학회(European Mathematical Society) 상'
이라는 것이 있는데, 1992년 보셔즈가 최초로 수상한 이후로 매 4년
마다 시상식이 열린다. 1992년 수상자 중에는 보셔즈와 함께 필즈상
을 받은 막심 콘체비치가 포함되어 있었다. 1996년에는 같은 해 필즈
상 수상자인 가위즈가 받았으며 이 해에는 (필즈상 수상을 거부해서 유명

해진) 그리고리 페렐만도 수상자였다(페렐만은 이 상은 거부하지 않았다). 또 2000년 수상자에는 2006년 필즈상 수상자인 벤델린 베르너도 포함되어 있었다. 2006년 필즈상의 다른 수상자인 안드레이 오쿤코프는 2004년 유럽수학회 상을 받았다. 32살 미만의 젊은 수학자들에게만 주어지는 이 상의 수상자 중에는 앞으로도 필즈상을 받을 만한 후보자들이 많다.

윌리엄 티머시 가워즈 : 다재다능한 집안 내력

가워즈의 가족은 다방면으로 재능을 가졌다. 그는 윌리엄 패트릭 가워즈와 캐롤라인 모리스의 1남 2녀 중 장남으로 태어났다. 아버지인 패트릭 가워즈는 프랑스 작곡가인 에릭 사티에 관한 논문으로 케임브리지 대학에서 박사 학위를 받은 음악학자 겸 작곡가이다. 가워즈의 아버지는 특히 영화 음악과 연주곡을 작곡했다. 여동생인 레베카 가워즈는 저널리스트 겸 작가 일을 하는 프리랜서이며 다른 여동생인 캐서린 가워즈는 바이올리니스트로 활동하고 있다. 이런 다재다능함은 가워즈 집안 전체의의 내력이기도 한데 고조부는 유명한 신경생리학자였으며, 증조부는 작위를 받은 공무원으로 공적인 영어 사용법에 관한 유명한 저서를 남긴 인물이라고 한다. 재미있는 것은 고조부, 증조부, 아버지와 가워즈 본인 모두 케임브리지 대학 출신이라는 점이다(외가 쪽에도 케임브리지 출신이 여럿 있다고 한다).

가워즈 가문의 이야기가 나왔으니 잠깐 음악과 수학의 특별한 친화력에 대해 언급하고 넘어가는 게 좋겠다는 생각이 든다. 피타고라

윌리엄 티머시 가워즈(1963~).

스학파가 음악의 화성이 수학적 비례관계임을 발견한 이후로 음악의 구조는 수학적이라는 것이 일종의 상식처럼 여겨졌다. 서구의 전통적인 인문학적 교양 과목인 7개의 자유학과(liberal arts)가 언어에 해당하는 논리학, 수사학, 문법의 3과목과 수학에 해당하는 대수, 기하, 천문, 음악으로 나뉠 때도 음악과 수학의 특별한 친화성에 대한 이해가 토대가 되고 있다.

수학자이자 저술가인 키스 데블린은 저서 『수학: 양식의 과학』에서 수학과 음악의 유사성을 매우 독특한 관점에서 지적하기도 한다. 수학자는 음악가가 악보를 읽듯이 수학적 기호를 통해 그 안에 들어 있는 수학을 읽는다. 음악이 악보로 환원될 수 없고 음악가에 의해서 늘 새롭게 태어나듯, 수학은 수학적 기호로 환원될 수 없으며 수학자들의 행위에 의해서 생명력을 얻는 분야이다. 티머시는 한 인터뷰에서 수학과 음악에서 사용하는 방법이 일치한다는 사실을 알고 아버지와 함께 놀란 적이 있다고 말하기도 했다.

흥미로운 사실들은 캐롤 킹이나 아트 가펑클, 마돈나(!) 등 수학 학위가 있는 아티스트들이 많이 있다는 것이다. 그중에서도 가장 특이한 사례는 아마도 미국의 현대 작곡가인 밀턴 배빗이 아닐까. 그는 수학자와 음악가의 길을 동시에 추구했는데, 제2차 세계대전 동안에는 프린스턴 대학에서 수학을 가르친 적도 있었다. 그는 1946년 「12조 체계에서 집합 구조의 기능」이라는 매우 난해한 논문을 박사 학위 논문으로 제출했는데, 당시 프린스턴 대학은 이것을 인정하지 않았다. 그는 이후 수학계를 떠나 전문적인 음악가의 길을 걷지만 지루한 소송 끝에 1992년에 드디어 수학 박사 학위를 받을 수 있었다.

막심 콘체비치 : 끈 이론의 응용

콘체비치는 수리물리학, 대수기하학과 위상수학 방면의 업적이 뛰어나며 매듭 이론에 기여했다. 많은 연구에도 불구하고 매듭을 완전하게 분류하는 것은 아직 완결되지 않았다. 특히 모든 매듭들을 실제로 다르게 분류할 수 있는 완전한 불변항은 여전히 존재하지 않는데, 그래도 최선의 결과를 내놓은 막심 콘체비치는 1998년에 필즈상을 받았다. 불완전한 상태이긴 하지만 매듭 이론의 응용은 매우 중요한 역할을 하고 있다. 특히 끈 이론과 관련해서 주목받고 있는 분야이다.

앞서 필즈상을 받은 위튼은 끈 이론이 다양한 수학적 분야와 관련이 있음을 발견했다. 군 이론의 피셔-그리스 몬스터군, 매듭 이론의 존스 다항식, 도널드슨의 이상한 위상학적 공간 등 다양한 분야들이 모두 특정한 위상학적 양자 장이론의 2~4차원에서의 다른 특성들로 드러났다.

막심 콘체비치와 리처드 보셔즈는 끈 이론의 수학을 사용해 1998년 필즈상을 받았다. 콘체비치는 존스 다항식(Jones polynomial)을 이용해 새로운 불변항을 발견하였고, 이 수학은 매듭뿐만 아니라 3차원 표면에도 적용할 수 있게 되었다. 새로운 관점에서 존스 다항식은 초끈 이론에서 규정하는 특정한 표면 위에서 계산된 파인만 적분(Feynman integral)으로 밝혀졌다. 보셔즈는 앞서 말했듯이 존 콘웨이와 사이먼 노턴이 1979년 제안한 문샤인 추측을 풀어냈는데 이것은 피셔-그리스 몬스터군과 1827년 아벨과 야코비가 도입한 타원 함수의 이론을 연결시킨다. 몬스터군은 끈 이론에서 공리를 만들어 낸 특정한 대수학의 자기동일적인 군임이 밝혀졌다. 다시 말하자면 군론이 정수론과 밀접한 관련을 맺고, 이것이 다시 물리학에서 중요한 발견임이 밝혀지고 있는 것이다.

최근의 끈 이론에서는 칼라비-야우 다양체가 매우 중요한 역할을 한다. 초대칭성에서 끈 이론의 강력한 불변 조건이 칼라비-야우 다양체를 포함하는 모델을 요청한다는 것이 밝혀졌다. 3차원 복소다양체는 6차원의 실수 다양체에 대응하며, 4차원의 시공간에 합쳐져 10차원을 형성한다. 이것은 거울 대칭성 단계로 넘어가는데 여기에서 물리학 이론은 두 개의 다른 칼라비-야우 다양체를 사용해 모델링되며, 한쪽에서 풀기 어려운 문제들은 다른 쪽에서 매우 쉽게 풀린다.

커티스 맥멀렌 : 복소 동역학계와 쌍곡 기하학에 관한 연구

앞에서 우리는 만델브로 집합을 생성하는 복소함수를 소개했다. 이 함수에서 c점의 상대적인 위치는 x^2+c의 행동을 결정한다. 커티스 맥멀렌은 이 주제에 관해 연구 업적을 인정받아 1998년 필즈상을 받았다. 그는 (모든 주기적 궤도가 원형인) 쌍곡 동역학계를 결정하는 패턴을 발견하였다. 이 만델브로 집합에 대한 연구는 복잡한 동역학계의 연구에 유용하기 때문에 프랙탈은 산맥이나 해안선 등 복잡한 층위 구조를 가진 대상을 모델링하는 데 사용되고 있다.

Part 3

21세기의 수상자들(2002~2006)

젊은 수학자들인 21세기 수상자들의 이름은 앞으로 더욱 많이 듣게 될 것이다. 현재진행 중인 그들의 연구를 섣불리 소개하느니 수상자 목록과 수상 이유만 간략하게 언급하기로 한다. 앞으로는 과연 어떤 이름들이 이 아래의 목록을 이어 갈지 기대해 보기로 하자.

제15회(2002년)_ 라포르그와 보에보트스키

로랑 라포르그 : 행동하는 수학자

라포르그는 프랑스 파리 남부에 위치한 앙토니에서 태어났다. 그의 동생인 뱅상 라포르그 역시 저명한 수학자인데 이 두 형제는 모두 수학 올림피아드에 출전해 금메달을 받았다. 동생인 뱅상은 필즈상은 받지 못했지만 역시 중요한 수학상인 유럽수학회 상을 받기도 했다 (2000).

라포르그는 고등 사범학교에서 공부했고 파리 제11대학에서 학위를 마쳤다. 그가 쓴 논문은 매우 뛰어난 것이었기 때문에 콜레주 드 프랑스에서 특별 강연에 초청되기도 하였다. 그는 파리 제11대학에서 학생들을 가르치면서 국립 과학연구소(CNRS)와 프랑스 고등 과학연구소에도 적을 두고 있다.

로랑 라포르그(1966~).

그의 주요한 업적은 앞에서 몇 번 언급된 랭런즈 프로그램과 깊은 관련이 있다. 라포르그는 특정한 군에서 산술적인 속성과 해석학적 속성이 상응한다는 것을 밝힘으로써 랭런즈 추측의 특별한 경우를 해결하였다. 앤드루 와일즈는 그에게 2000년 클레이 연구 상(Clay Research award)을 시상하면서 다음과 같이 밝혔다. 내용을 이해하지 못한다고 하더라도 필즈상을 받는 업적이 어떤 식으로 계속 이어지고 있는지 잘 보여 주기 때문에 읽어 볼 가치가 있다.

로랑 라포르그는 이전까지 알려진 것보다 더 넓은 영역에서 랭런즈 상응을 확립했다. 이 상응은 특정한 군 표현에서 산술적 속성과 해석학적 속성을 연결시킨다. 이것은 1960년대 로버트 랭런즈에 의해서 정식화되었다. 랭크에서 이 추측은 에밀 아틴의 유체론(Class field theory)과 다르지 않다. 피에르 들리뉴가 라마누잔 추측을 증명하고 랭런즈 자신이 아틴의 추측을 증명하면서(한 가지 예외를 두고 있지만) 랭크2와 수체에서 이 추측이 최초로 입증되었다.

1970년대 초 블라디미르 드린펠드는 이 문제를 더 일반적인 대수학적 맥락에서 공략했다. 그는 이것을 위해 모듈라 곡선과 유사한 다양체를 만들었고 랭크2에서 랭런즈 추측의 특정 사례를 보여 주었다. 그 후 이러한 다양체들이 원하는 모든 표현들에 대한 결과를 얻지 못하자 드린펠드는 새로운 개념을 도입해서 랭크2에서의 랭런즈 추측을 입증할 수 있었다. 경악할 만한 기술적인 난점을 극복하자, 일반적인 경우에는 접근이 가능하다는 것이 드러났다. 로랑 라포르그의 가장 중요한 기여는 어떤 모듈 다양체들의 콤팩트화 문제를 해결한 것이었다. 이 기념비적인 증명은 60년 이상 집중적으로 노력한 결과이다.

로랑 라포르그는 클레이 연구 상을 받은 바로 그 업적으로 필즈상을 수상했다. 드린펠드의 연구를 계승하는 그의 증명은 '압축적인 논증을 수백 쪽에 걸쳐 전개한 진정한 역작'으로 평가받았다.

라포르그에 대한 소개에 교육에 대한 그의 관심과 주장을 빼놓을 수 없다. 최근 몇 년간 라포르그는 교육 문제에 대해 매우 열정적으로 발언하고 있는데, 그는 수학 교육뿐만 아니라 인문 교육에도 관심을 갖고 있다. 전 세계를 강타하고 있는 인문 교육의 축소가 프랑스에도 영향을 미치자 그는 우려를 표했다.

몇 년 전 절체절명의 위기에 처한 그리스 어와 라틴 어 교육을 지키기 위한 청원서에 서명하면서 교육 문제에 관심을 갖기 시작했습니다. 이 극적인 상황에 충격을 받고 나는 이 문제에 파고들었습니다. 서로 다른 이념을 가진 사람들의 책을 읽은 후 그들의 진지함과, 학교와 젊은이들의 미래에 대한 그들의 열정을 느낄 수 있었습니다. 이러한 독서는 저를 깊이 흔들었습니다. 라틴 어와 그리스 어는 빙산의 일각일 뿐입니다. 프랑스 어 교육마저도 위기에 처해 있습니다.

시라크 대통령은 라포르그를 국가 고등교육 평의회 위원으로 임명하였다. 하지만 그는 교육을 이런 상황으로 몰고 간 장본인들인 교육 관료들에게 자문 받는 것을 거부했고, 결국 관료들에게 사임을 강요당했다. 라포르그는 이후 교육 붕괴에 대해 심각한 우려를 표현하는 장문의 편지를 보냈다고 한다.

블라디미르 보에보트스키 : 다양한 분야로의 확대

대수다양체의 코호몰로지 이론을 발전시키는 데 기여했다. 그는 러시아의 수학 신동 출신으로 모스크바 대학교를 졸업하고 하버드 대학교에서 박사 학위를 받았다. 그 후 계속 미국에 머물면서 1998년 프린스턴 고등연구소의 정교수가 되었고, 2002년 필즈상을 받았다. 그는 그로텐디크의 영향 아래 대수적 위상수학을 연구해 오고 있는데 최근에는 컴퓨터 수학 등 다른 분야로도 관심사를 확대하고 있다.

그는 필즈상을 받은 직후 클레이 수학 연구소에서 '비수학자들'도 이해할 수 있도록 자신의 연구 주제를 설명하는 강연을 했는데, 이 흥미로운 강연은 지금도 클레이 연구소 홈페이지에 동영상으로 제공되고 있다. 참고로 이곳에는 티머시 가워즈, 마이클 아티야, 커티스 맥멀렌, 히로나카 헤이스케 등 다른 필즈상 수상자들의 강연도 있다. 조금 어렵다고는 해도 전문가들을 위한 것이 아니니 흥미로운 독자들은 도전해 보는 것이 어떨까.

최근 보에보트스키의 다양한 연구 분야를 짐작할 수 있는 강연의 일부를 소개한다. 수학자들이 관심을 가지게 된 실용적인 문제로부터 순수수학의 연구를 발전시켜 가는 한 사례를 볼 수 있을 것이다.

> 나는 이 강연에서 서로 관련된, 하지만 서로 구분되는 두 개의 주제에 대한 나의 작업을 이야기하려 합니다. 첫째는 '수리 집단 유전학'인데, 나는 인구의 역사와 그 유전적 특성 사이의 관계에 유용한 단순한 모델을 기술하려고 합니다. 이 모델의 틀에서 얻어지는 긍정적인 결과는 모델의 단순성 때문에 무용할 수도 있지만, 부정적인 결과는 좀 더 복잡한 실제의 세계 인구에 대해서는 유용할 수도 있습니다. 두 번째 주제는 확률 이론의 카테고리적 연구로 기술될 수 있습니다. '카테고리적'이라는 것은 카테고리 이론이라는 뜻입니다. 사실 나는 집단 유전학을 잘 다루기 위해 확률론에 대한 이런 접근법을 개발했습니다. 나중에 그것은 순전히 수학적인 관점에서도 흥미로운 무언가가 되었습니다.

제16회 (2006년)_ 오쿤코프, 타오, 베르너, 페렐만

안드레이 오쿤코프 : 진정한 과학의 목표를 생각하는 학자

확률론, 표현론, 대수기하학을 연결시킨 공로로 필즈상을 받은 오쿤코프는 모스크바 출신으로 모스크바 대학에서 학위를 받았고, 현재 프린스턴 대학에서 표현론을 가르치고 있다. 표현론이란 추상 대수학에서 다루는 군을 친숙한 선형대수학을 통해서 이해하려는 수학의 한 분야이다. 물리학에서도 표현론은 매우 중요한데, 오쿤코프의 연구는 수학과 물리학에 끼친 영향력 때문에 높이 평가받고 있다. 그는 스스로 물리학자들이 세계를 보는 방식을 배우기 위해 노력한다고 말하면서 "물리학은 아름다운 수학적 문제를 제기할 뿐만 아니라 그것을 해결하기 위한 힌트까지도 제공한다."라고 덧붙였다.

오쿤코프는 한 인터뷰에서 어떻게 수학의 세계에 빠져들었는지 설명하면서 그다지 특별한 것은 없었다고 강조했다. 그는 영재 교육을 받거나 올림피아드에 참가한 적도 없으며, 경제학을 공부하고 입대까지 했다. 학위를 받기 전에 결혼도 했다. 어쩌면 어릴 때 수학 훈련을 받은 사람들에 비해 두뇌 회전이 빠르지 않을지도 모르지만, 오히려 그 덕분에 우주와 그 안에서의 수학의 위치에 대해 좀 더 너른 시야를 갖게 된 것인지도 모른다고 그는 말한다. 더불어 어린 시절 특별한 수학 교육을 받지 않았기 때문에 수학을 하나의 경쟁적인 게임으로 보지 않는 것을 장점으로 꼽았다.

그는 과학의 진정한 목표는 세계를 이해하는 것인데, 경쟁은 이러한 목표 의식을 흐트러뜨린다고 말했다. 또한 어린 학생이라면 퍼즐을 풀고 상을 받는 것에 대해 너무 진지하지 않아야 한다고 덧붙였다. 그는 "어떤 문제를 푸는 데 있어서 최초가 되는 것은 즐거운 일이지만, 명쾌한 증명이야말로 전부이며 영원한 것입니다."라고 말하기도 했다.

오쿤코프는 2007년 포스텍(포항공대)의 초청으로 방한하여 전문가와 일반인들을 위해 강연했다.

수학적 증명이란 새로운 요소, 문제의 진술 속에 이미 존재하지 않는 어떤 것을 포함해야 합니다. 그렇지 않다면 그것은 자명하거나 일상적인 것이겠죠. 대부분의 경우 우리는 아주 멀리 갈 필요를 느끼진 않지만, 종종 전혀 다른 수학의 분야에서 온 아이디어가 필요할 때가 있습니다. 이런 일이 생길 때 전 행복을 느끼고, 증명은 심미적으로 더 만족스러워집니다.

– 안드레이 오쿤코프

테렌스 타오: 다양한 관심사를 가진 생산적 수학자

테렌스 타오는 중국계 호주인이다. 소아과 의사인 아버지 빌리 타오는 상해 출신이며, 수학과 물리학을 전공하고 수학 교사를 했던 타오의 어머니는 관동 지방에서 온 이민자 집안에서 태어났다. 이들이 낳은 세 아들은 모두 어릴 때부터 뛰어난 재능을 보이며 국제 올림피아드의 호주 대표로 출전했는데, 그중에서도 테렌스 타오가 가장 뛰어났다. 그의 아버지의 말에 따르면 타오는 만 두 살 때 다섯 살짜리 친척에게 수학과 영어를 가르치려 했다고 한다.

타오는 존스홉킨스 영재교육과정을 다녔고 8살에 SAT 수학 분야에서 760점을 맞았으며, 9살에는 대학 수학 과정을 시작했다. 또한 1986~1988년 동안 3년 연속 최연소 올림피아드 출전자였다. 그는 만 열세 살이 된 직후 금메달을 수상했는데, 이는 아직까지 깨지지 않은 최연소 수상 기록이다. 열일곱 살에 학사·석사 학위를 모두 마친 타오는 스무 살에 프린스턴 대학에서 박사 학위를 받았고, 스물한 살에 로스앤젤레스 캘리포니아 대학(UCLA)의 교수진에 합류하였다

테렌스 타오(1975~).

(정교수가 된 건 스물네 살 때였다).

천재답게 수상 업적도 화려하다. 그는 살렘상(2000), 보셔상(2002), 클레이 연구 상(2003), SASTRA 라마누잔상(2006) 등을 받았다. SASTRA(Shanmugha Arts, Science, Technology and Research Academy) 대학에서 만든 마지막 상은 젊은 나이에 죽은 천재 수학자 라마누잔을 기리기 위한 것으로 라마누잔이 죽은 나이인 32세 미만의 수학자들에게만 수여되는 상이다.

타오의 가장 유명한 업적 중 하나는 2004년 동료 수학자 빌 그린과 함께 증명한 그린-타오 정리로, 이 정리의 내용은 일반인들도 쉽게 이해할 수 있는 것이다. 이 정리는 소수의 분포에 관한 흥미로운 내용을 담고 있다. 3, 7, 11의 소수 수열을 생각해 보자. 이것은 4의 등차와 3의 길이를 가진 수열이다(네 번째인 15는 소수가 아니다). 이런 식으로 임의의 등차와 임의의 길이를 가진 수열을 생각할 수 있을까? 그린-타오 정리에 따르면 (그것이 어떤 수로 이루어져 있는지는 모른다고 하더라도) 우리가 상상할 수 있는 그러한 등차수열은 소수의 무한한 연쇄 속에 반드시 존재한다고 한다.

그의 공식적인 수상 이유는 편미분방정식, 조합론, 조화해석학 및 가법적 수론(그린-타오 정리를 말한다)에 대한 기여이지만, 그는 어떤 수학자보다도 다양한 관심사를 가진 생산적인 수학자이다. 그는 구글 버즈와 같은 웹서비스를 이용해 흥미를 느낀 문제들을 공개적으로 논의하는 것을 즐긴다. 이러한 점을 보면 역시 불후의 천재인 존 폰 노이만을 떠올리게 하는 구석이 있다. 폰 노이만은 수학자들을 위한 수학자로, 난제에 부딪힌 친구들은 항상 그를 찾았다. 폰 노이만이 맨해튼 프로젝트에 참여했을 때 반감금 상태에 있던 동료들과는 달리 그는 (항상 너무나 바빴기 때문에) 출입이 자유로웠는데, 그가 온다는 소식이 들리면 모두들 풀고 있던 문제를 들고 줄을 섰다. 그러면 폰 노이만은 마치 볼링 핀을 쓰러뜨리듯이 문제들을 해결(하거나 힌트를 찾거나)했다고 한다.

필즈상 수상자인 선배 찰스 페퍼만(그 역시 대단한 천재이지만)은 타오에 대해서 비슷한 이야기를 하고 있다. "타오의 명성은 너무도 대단해 수학자들은 그의 관심을 얻으려고 경쟁하는 중입니다. 마치 좌절한 연구자들을 위한 수리공이 되고 있다고 할까요. 만일 당신이 어떤 문제에서 난관에 봉착했다면, 그걸 벗어나는 한 가지 방법은 타오의 관심을 그 문제로 향하게 하는 겁니다."

♠ 테렌스 타오의 말, 말, 말 : 수학과 재능

수학자가 되기 위해서 천재가 되어야 하나? 그 대답은 "NO."이다. 수학에 훌륭하고 유용한 기여를 하기 위해서는 열심히 연구하고 자신의 분야를 잘 공부해야 한다. 또한 다른 분야와 도구를 익히고, 질문하고 다른 수학자와 대화하며 '큰 그림'을 그려야 한다. 물론 적절한 정도의 지능, 인내, 성숙 역시 필요하다. 하지만 무(無)에서 심오한 통찰을 생산하거나 예상치 못한 해답을 찾아내거나 하는 마법 같은 '천재 유전자'나 초자연적인 능력을 가질 필요는 없다. …… 문헌들과 다른 관습적인 지혜를 무시하면서도 모든 전문가들을 괴롭히는 문제들에 대해 놀랄 정도로 독창적인 해답을 들고 나오는, 설명하기 어려운 영감을 가진 고독한 (아마도 약간은 미친) 천재라는 대중적인 이미지는 매우 매력적이고 낭만적이지만 아주 부정확한 것이다. 적어도 현대 수학의 세계에서는 말이다. 물론 우리는 이 분야에서 사변적이면서도 심오하고 놀라운 결과나 통찰을 보고 있지만 그것들은 몇 년, 몇십 년, 심지어는 몇백 년에 걸쳐 많은 훌륭하고 위대한 수학자들이 꾸준하게 작업하고 그로 인해 수학이 진보한 누적된 결과이다. 이해의 한 단계에서 다음 단계로 넘어가는 진보가 매우 중요하고 예기치 못한 것일 수는 있지만, 그것은 전적으로 새로운 것이 아니라 이전의 작업의 기초 위에 건설된 것이다(와일즈나 페렐만의 업적이 그렇다).

전문 수학이 스포츠가 아니라는 것을 기억할 필요가 있다. 수학의 목표는 높은 순위나 높은 점수 혹은 많은 상을 받는 게 아니다. 수학의 목표는 수학의 이해를 증진시키고, 그 발전과 응용에 기여하는 것이다. 이 작업을 위해서 수학은 훌륭한 사람들을 필요로 한다.

벤델린 베르너 : 필즈상을 받은 최초의 확률론 학자

베르너는 독일 출신의 프랑스 수학자이다. 1977년 국적을 프랑스로 바꾼 후 1987년 고등 사범학교에 입학했으며 1993년 파리 제6대학(피에르와 마리 퀴리 대학)에서 박사 학위를 받았다. 1991~1997년에는 프랑스 국립과학센터(CNRS)에서 연구원으로 있었으며 2010년 현재 파리 제11대학에서 교수직을 맡고 있다.

그는 어릴 적부터 수학을 좋아했지만 수학자가 되려고 마음먹지는 않았다고 한다. 베르너는 보드게임을 즐기고 천문학자가 되려는 꿈을 꾸는 학생이었다. 그는 청소년 시절 배우로도 활동한 경력을 갖고 있다. 나치 출신의 파라과이 대사의 암살 사건을 소재로 한 프랑스 작가 조제프 케셀의 동명 소설을 영화화한 자끄 루피오 감독의 「상수시의 행인(La Passante du Sans-Souci, 1982)」에서 주인공인 막스의 아역으로 출연한 베르너는 최대의 온라인 영화 데이터베이스인 IMDB에 이름을 올린 유일한 필즈상 수상자가 되었다. 그러나 배우를 직업으로 택할 생각은 없었던 그는 전공을 택해야 하는 나이가 되자 그동안 자신이 가장 좋아하는 분야가 수학이라는 것을 깨닫고 본격적인 수학 전공자의 길을 걸었다.

전문적인 수학자의 길을 걷게 된 이후 그는 유망한 학자답게 많은 상을 받았다. 1998년에는 롤로 데이비슨 상, 2000년에는 유럽수학회에서 주는 젊은 연구자 상, 2001년에는 페르마상, 그리고 2005년에는 로에브상을 받았다.

롤로 데이비슨 상은 케임브리지 대학교 처칠 컬리지(Churchill College)에서 확률학자 롤로 데이비슨을 기념하기 위해 만든 것으로 1976년 이래 매년 젊은 확률학자에게 수여한다. 페르마상은 프랑스의 위대한 수학자 페르마를 기념하기 위해 툴루즈 수학연구소에서 만든 것으로 페르마가 남긴 업적과 밀접한 연관성을 가진 연구를 한 수학자에게 주는 상이다. 1989년 처음 창설되었으며 매 2년마다(홀수

벤델린 베르너(1968~).

해마다) 시상한다. 상금은 2만 유로이다. 로에브상은 프랑스 출신의 확률 통계학자 미셸 로에브를 기념하기 위해 만든 상인데, 로에브의 미망인의 요청에 의해 캘리포니아 버클리 대학에서 1993년부터 2년마다 3만 달러의 상금을 수여하고 있다(참고로 로에브상에는 필즈상처럼 45세 미만이라는 제한이 붙어 있기도 하다).

베르너는 롤로 데이비슨 상, 페르마상, 로에브상을 받은 유일한 필즈상 수상자인데 이것은 아마도 필즈상이 그동안 확률론 연구에 많은 관심을 보이지 않았다는 방증일 것이다. 베르너는 오쿤코프와 함께 필즈상을 받은 최초의 확률론 연구자이다. 이를 두고 베르너는 "계속 이 분야를 연구하면 필즈상은 절대 받지 못할 거야."라고 하던 친우의 말을 언급했다. 베르너가 산업 및 응용수학회의 폴리야상을 받은(2006) 유일한 필즈상 수상자인 것도 아마도 같은 이유일 것이다.

폴리아상은 폴리아의 업적과 관련이 있는 분야나 조합론에서의 업적만 인정하는 제한적인 상이기 때문이다.

베르너의 업적은 물리학과 수학에 걸쳐 있다는 점에서 최근의 필즈상 경향과 일치한다. 그가 확률 이론과 복소해석학을 결합해 새롭게 도입한 아이디어는 물리에서의 상전이 현상 등을 이해하는 데 기여하는 것으로 평가받는다. 그는 뢰브너 전개, 2차원 브라운 운동의 기하학과 등각장론에 기여하면서 필즈상을 수상한 것으로 알려져 있다.

베르너는 다음과 같이 자신의 업적을 설명했다.

> 가위를 들고 아무렇게나 잘라 보세요. 그 형태에 대해 무엇을 말할 수 있을까요? 이 질문은 '완전한 임의성'의 개념을 밝혀 줍니다. 왜냐면 무한히 많은 가능성이 있으니까요. 이런 종류의 질문을 연구하기 위한 한 가지 동기는 물리학에서 옵니다. 물리적계에서 온도를 변화시키면 어떤 값에서 거시적인 행태가 급격히 변화합니다(상전이). 액체가 기체가 되고, 철이 자력을 잃는다든가 하는 것이죠. 물리적계가 이 결정적인 온도에 정확히 도달했을 때 그것이 임의적인 속성을 가진다는 것이 알려져 있습니다. 이 계가 평면적일 때 두 개의 상이 동시에 공존하며, 그 경계선은 마치 앞에서 말한 가위로 자른 형상처럼 임의의 형태를 띠게 됩니다.

베르너는 수상 직후 가진 인터뷰에서 확률론이 그동안 받은 푸대접에 대해 아쉬움을 표현하면서 수학의 하위 분야의 분류를 너무 중시하면 안 된다고 말했다.

> 확률론이 인정을 받게 되어 매우 기쁩니다. 아마도 이것은 수학 일반에서

확률론적 아이디어가 주목받고 영향력을 확대하는 변화의 징후겠죠. 사실 이 분야의 역사와 지난 성과를 생각하면 제가 필즈상을 받은 최초의 확률론 학자라는 게 다소 이상하게 느껴집니다. 저는 수학을 하위 분야로 나누고 분류하는 것을 너무 진지하게 생각하면 안 된다고 말하고 싶습니다. 새로운 통찰은 서로 다른 분야의 아이디어들이 결합되는 바로 그때 생겨나는 것이니까요. 복소해석학이 도구가 될 수 있다는 것이 제 작업에서 밝혀졌던 것도 어느 정도는 이런 종류의 일이었지요.

실제로 순수수학이라고 여겨진 분야에서 조합론 등 응용수학의 테크닉과 아이디어가 활발히 수용됨으로써 많은 발전이 이루어지고 있다. 앞으로 더 많은 응용수학자들이 필즈상을 받게 될 것을 기대해 본다.

그리고리 페렐만 : 수상을 거부한 괴짜 수학자

아마도 이 책을 읽는 독자들에게 가장 친숙한 이름이 아닐까 싶다(사실 실제 이름의 발음은 페릴만에 가깝다고는 한다). 그리고리 페렐만은 1904년 푸앵카레가 제기한 뒤 100여 년간 난제 중의 난제로 남아 있던 푸앵카레 추측을 해결함으로써 단연 수학계의 영웅이 되었고, 필즈상 수상을 거부하고 은둔 생활에 들어감에 따라 살아 있는 전설이 되어 버렸다. 푸앵카레 추측의 내용과 함께 그의 행적을 추적하는 다큐멘터리가 만들어져 방송될 정도였으니 말이다.

사실 명예와 부를 가져다주는 상을 거부하는 일은 전혀 드물지 않다. 철학자이자 문필가 사르트르는 노벨 문학상을 거부하면서 더욱 화제가 되었다. 앞에서 이야기했다시피 그로텐디크는 정치적이고 양심적인 이유로 크라포드상을 거부했다. 하지만 그래도 이런 일이 생길 때마다 화제가 되기 마련이고, 필즈상을 거부한 수학자는 페렐만이 처음이었기에 당연히 화제가 될 수밖에 없었다. 그것도 난제 중의 난제를 해결한 장본인이 상을 거부하고 수학계를 완전히 떠나 버렸다는 것은 더더욱 미스터리한 일이다(아직도 그 이유는 잘 알려져 있지 않다). 그로텐디크처럼 은퇴 후에 벌어진 일도 아니고 학자로서 한창 나이인 30대 후반에 (그것도 엄청난 업적을 이룩한 직후에) 학계를 등진다는 건 이래저래 놀라운 일이 아닐 수 없다.

페렐만은 상트페테르부르크(당시는 레닌그라드)에서 태어났는데, 그의 어머니는 수학과 대학원생이었지만 그를 기르기 위해 학업을 포기했다고 한다. 수학 전공이었던 어머니는 어릴 때부터 나타난 페렐만의 재능을 놓치지 않았고 어린 페렐만에게 수학 영재 교육을 받게 하였다. 수학과 물리학 조기 교육을 받았던 그는 수학 올림피아드에서 만점이라는 훌륭한 성적으로 금메달을 받았다. 레닌그라드 대학에서 수학 박사 학위를 받은 페렐만은 소련과 미국에서 연구원 생활을 계속하며 명성을 쌓아 나갔다. 1990년대 중반에 그의 업적을 인정한 프린스턴과 스탠퍼드 등 여러 대학에서 그를 교수로 초빙했지만 페렐만은 모든 초청을 거부하고 돌연 상트페테르부르크로 돌아가 연구원 지위에 머물렀다.

1990년대 중반까지의 업적[특히 소울 추측(Soul conjecture)의 증명]으로 유명해졌지만 그 뒤로는 조용히 지내던 페렐만이 다시 세간의 화

그리고리 페렐만(1966~).

제가 된 것은 2002년 그가 인터넷에 올린 논문들 때문이었다. 100년 동안의 난제이자 그와 연관된 문제들로 인해 여러 번 필즈상을 수상 자를 배출한 푸앵카레 추측의 완결판이었다. 그는 서스턴의 기하화 추측을 증명하는 개요를 입증했다고 주장했다.

푸앵카레 추측은 3차원 다양체에서 고리를 점으로 축소시킬 수 있다면, 그것은 구의 표면처럼 닫힌 3차원 표면밖에 없다고 주장한 것이다. 이 주장은 뒤에 모든 차원의 문제로 확장되었다. 스메일에 의해서 5차원 이상의 문제가 해결되었고 도널드슨 등에 의해서 4차원의 경우가 해결되었다. 남은 것은 진정한 푸앵카레 추측인 3차원뿐이었는데 여기에서는 서스턴의 기하화 추측이라는 아이디어가 결정적인 진보로 여겨졌다.

중요한 것은 물리학 아이디어가 이 문제를 해결하는 데 결정적인 기여를 했다는 것이었다. 기하학적으로 뒤틀린 3차원 다양체에 대해 물리학에서 사용하는 열 방정식과 유사한 미분방정식을 사용하는 것이 리처드 해밀튼의 방법이었는데, 리치 흐름(Ricci flow)은 이 아이디어를 사용해 곡률 텐서(curvature tensor)의 행동을 기술하는 것이었다. 어떤 3차원 다양체라고 하더라도 리치 흐름을 이용하면 몇 가지 기하학의 형태로 나뉘는데, 서스턴에 따르면 그것은 모두 8가지 유형이었다. 서스턴이 제시한 이 다양체들의 결합의 경우에 대해 푸앵카레 추측을 입증하면 드디어 100년의 난제가 모두 풀리는 것이었다.

물론 이 방법을 따라가면 수학적으로 풀기 어려운 특이점들이 나타나기 때문에 그것을 극복해야 했다. 페렐만은 2002년 논문에서 이를 해결하는 프로그램을 제시했고, 사람들의 관심을 끌었다. 그 다음 해인 2003년 그는 미국의 여러 대학에서 초빙을 받아 이 내용에 대한 강의를 했고 전문가들은 페렐만의 논문이 기하화 추측의 완전한 증명을 위해 필요한 본질적인 내용을 다 갖추고 있음을 확인했다(페렐만의 논문이 독창적이면서도 난해했기 때문에 동료 학자들은 그것을 깔끔하게 정리한 다른 논문들을 썼다. 그러나 그들은 페렐만의 증명이 기본적으로 올바르며 완전하다는 것을 인정했다). 그리고 2006년 여러 전문가 그룹이 페렐만의 증명이 올바르다는 것을 확인하면서 그가 푸앵카레 추측을 완결시켰다는 것이 공인되었다.

그 다음은 모두가 아는 바와 같다. 수학자대회의 의장이었던 존 볼경이 (관례대로) 대회 몇 개월 전에 페렐만에게 연락해 필즈상 수상을 알렸지만 페렐만은 그 업적에 대한 자부심은 인정하면서도 수상을 거부했다. 그리고 의장은 시상식 당일 그 사실을 알렸다. 본인이 수상을 거부했더라도 당연히 필즈상을 받을 수 있는 업적이었기 때문에 조용히 그를 제외시키는 일은 불가능했을 것이다.

세상은 그 사건 뒤로 페렐만에 대해 더 알고 싶어 했지만 그는 그 뒤로도 계속 침묵하고 있다. 푸앵카레 추측이 클레이 연구소가 발표한 밀레니엄 7문제 중 하나이기에 그는 2010년 클레이 밀레니엄 상의 수상자로 발표되었다. 그러나 잠시 고민한다는 소문이 들렸을 뿐, 그는 결국 100만 달러의 상금과 시상을 거부하고 말았다.

페렐만이 침묵하며 수학을 떠난 이유는 무엇일까. 그는 2003년 이후 연구소에서도 떠나 몇 차례의 인터뷰만 했을 뿐, 그 뒤로는 외부와의 접촉을 모두 끊고 있다. 어떤 사람들은 그가 (그로텐디크처럼) 수학 분야의 도덕적 타락에 환멸을 느꼈기 때문이라고 한다. 실제로 중국인 교수들이 (페렐만의 불친절한 논문 대신) '완벽한 증명'을 담은 깔끔한 논문을 내놓았을 때 그들에게 클레이 밀레니엄 상을 주려는 움직임이 있었고, 여기에는 야우 싱 통 같은 저명한 수학자들이 관련되어 있었다. 페렐만은 여기에 대해 "외계인처럼 간주되는 것은 도덕적 기준을 깨뜨린 사람들이 아니라 나처럼 소외당한 사람들이다."라고 말하며 정직한 사람들이 있기는 하지만 대부분은 현실에 순응하고 있다며 수학계를 비판했다. 몇몇 사람들의 추측처럼 강직한 페렐만이 수학계를 떠나게 된 원인이 이것이라면 우리는 그로텐디크 이후로 또 하나의 빛나는 지성을 잃게 만든 현실에 대해 안타까워해야 할까, 아니면 그들의 (어쩌면 과도한) 자긍심에 대해 안타까워해야 할까.

필즈상에 얽힌
간략한 에피소드들

▶ 필즈상의 최연소 수상자는 장피에르 세르이다(1954). 그는 스물일곱 살에 필즈상을 받았고 이 기록은 아직도 깨지지 않고 있다.

▶ 알렉상드르 그로텐디크는 1966년 필즈상 축하 행사를 거부했는데, 그것은 동유럽에서 벌어진 소련의 군사 행동에 항의하기 위한 것이었다. 1966년 국제수학자대회는 모스크바에서 열렸다.

▶ 세르게이 노비코프는 1970년 니스에서 열린 국제수학자대회에 참석하지 못했다. 소련 정부가 그를 억류했기 때문이다.

▶ 1978년 그리고리 마르굴리스 역시 소련 당국의 억류로 인해 헬싱키에서 열린 수학자대회에 참석하지 못했다. 자크 티트가 그를 대신해 받으며 이런 연설을 했다. "마르굴리스가 이 행사에 참여하지 못한 것에 대해 깊은 유감을 표시합니다. 여기 모인 많은 분들이 그렇겠지요. 헬싱키의 상징적인 의미에 비추어 볼 때, 정말로 경탄하고 존경하는 한 수학자를 드디어 만날 수 있을 거라는 희망을 가졌습니다." 당시 헬싱키는 동서 화합의 상징이었다.

▶ 1982년 수학자대회는 폴란드의 바르샤바에서 열릴 예정이었지만 정치적인 격동으로 인해 한 해 연기되었다. 그해 일찍 국제 수학자연맹의 9번째 총회에서 수상자가 발표되었고, 다음 해인 1983년 바르샤바 수학자대회에서 수여했다.

▶ 1990년 에드워드 위튼은 최초이자 아직까지는 유일하게 필즈상을 받은 물리학자가 되었다.

▶ 1998년 열린 국제수학자대회에서 앤드루 와일즈는 의장인 유리 마닌으로부터 페르마의 마지막 정리를 증명한 업적을 기리는 은판을 선물받았는데, 이것은 국제수학자연맹이 처음으로 만든 기념패였다. 돈 차기어는 이 은판을 '양화된 필즈 메달'이라고 불렀다. 와일즈가 필즈상을 받지 못한 것은 그의 나이 때문이라고 흔히들 말하지만, 1994년 대회 당시 그는 40세를 갓 넘었을 뿐이어서 사실 받을 수도 있었다. 그보다는 1993년에 증명에 약간에 문제가 있었던 것이 수상하지 못한 이유였을 것이다(물론 그 문제는 나중에 해결되었다).

▶ 그리고리 페렐만은 푸앵카레 추측을 증명한 공로로 2006년 필즈상 수상자가 되었지만 필즈 메달을 거부하고 대회에 참석하지도 않았다.

▶ 그리고리 마르굴리스가 예일 대학교에서 지도한 학생 중에는 임선희 교수(서울대학교), 오희 교수(브라운 대학교), 이렇게 두 명의 한국 여성 수학자들이 있다. 카이스트의 최서영 교수는 윌리엄 서스턴에게서 논문 지도를 받았다. 한편 테렌스 타오가 박사 논문을 지도한 학생 중에는 한국인 권순식 박사가 있다. 권순식 박사는 프린스턴 대학교 강사를 거쳐 현재 카이스트 교수로 재직 중이다.

▶ 같은 지도 교수 아래서 논문을 쓴 동문이 함께 필즈상을 받은 경우도 여럿 있다. 앙리 카르탕 밑에서 박사 논문을 쓴 장 피에르 세르와 르네 통, 오스카 자리스키 밑에서 논문을 쓴 히로나카 헤이스케와 데이드 멈포드 외에 엘리아스 스테인 밑에서 논문을 쓴 찰스 페퍼만과 테렌스 타오 등이 바로 그들이다.

▶ 스승과 제자 모두 필즈상을 받은 경우도 많지 않다. 그로텐디크는 로랑 슈워츠의 지도를 받아 논문을 썼고, 로랑 슈워츠는 피에르 들리뉴의 논문을 지도했다. 3대가 이어진 유일한 경우이다. 마이클 아티야는 사이먼 도널드슨의 논문을 지도했다.

▶ 본문 중에 언급된 것 중 '에르되시 넘버'라는 것이 있다. 평생을 수학의 방랑자로 살면서 511명과 논문을 공저한 폴 에르되시로부터 비롯된 것인데 수학자 사회의 내부 네트워크를 보여 주는 하나의 지표이자 재미이기도 하다. 에르되시 자신은 0. 에르되시와 함께 논문을 쓴 507명의 저자의 에르되시 넘버는 1이다. 에르되시 넘버가 1인 저자와

공저를 한 저자에게는 숫자 2가 부여된다.

필즈상 수상자들의 에르되시 넘버는 어떻게 될까? 일단 1인 저자는 없고 2인 저자들이 있다. 앨런 베이커, 리처드 보셔즈, 엔리코 봄비에리, 찰스 페퍼만, 마이클 프리드먼, 고다이라 쿠니히코, 데이비드 멈포드, 클라우스 로트, 아틀레 셀베르그, 장 피에르 세르, 윌리엄 서스턴, 야우 싱 퉁 등이 바로 그들이다.

에르되시 넘버 3에 해당하는 필즈상 수상자로는 라르스 알포르스, 마이클 아티야, 알랭 콘느, 피에르 들리뉴, 사이먼 도널드슨, 게르트 팔팅스, 라르스 회르만데르, 보언 존스, 막심 콘체비치, 피에르 루이 리옹, 그리고리 마르굴리스, 커티스 맥멀린, 존 밀노어, 모리 시게후미, 세르게이 노비코프, 안드레이 오쿤코프, 대니얼 퀼렌, 테렌스 타오, 존 테이트, 존 톰슨, 벤델린 베르너, 에드워드 위튼, 장 크리스토프 요코즈, 에핌 젤마노프 등이 있다.

이렇게 보면 에르되시 넘버 2~3 안에 대부분 포함된다는 것을 알 수 있다. 여기에 언급되지 않은 사람들은 대부분 4의 넘버를 갖고 있는데, 로랑 라포르그만 에르되시 넘버 6을 갖고 있다. 그리고 공저 논문을 거의 쓰지 않았던 제시 더글러스는 에르되시 넘버가 아예 부여되지 않고 있다.

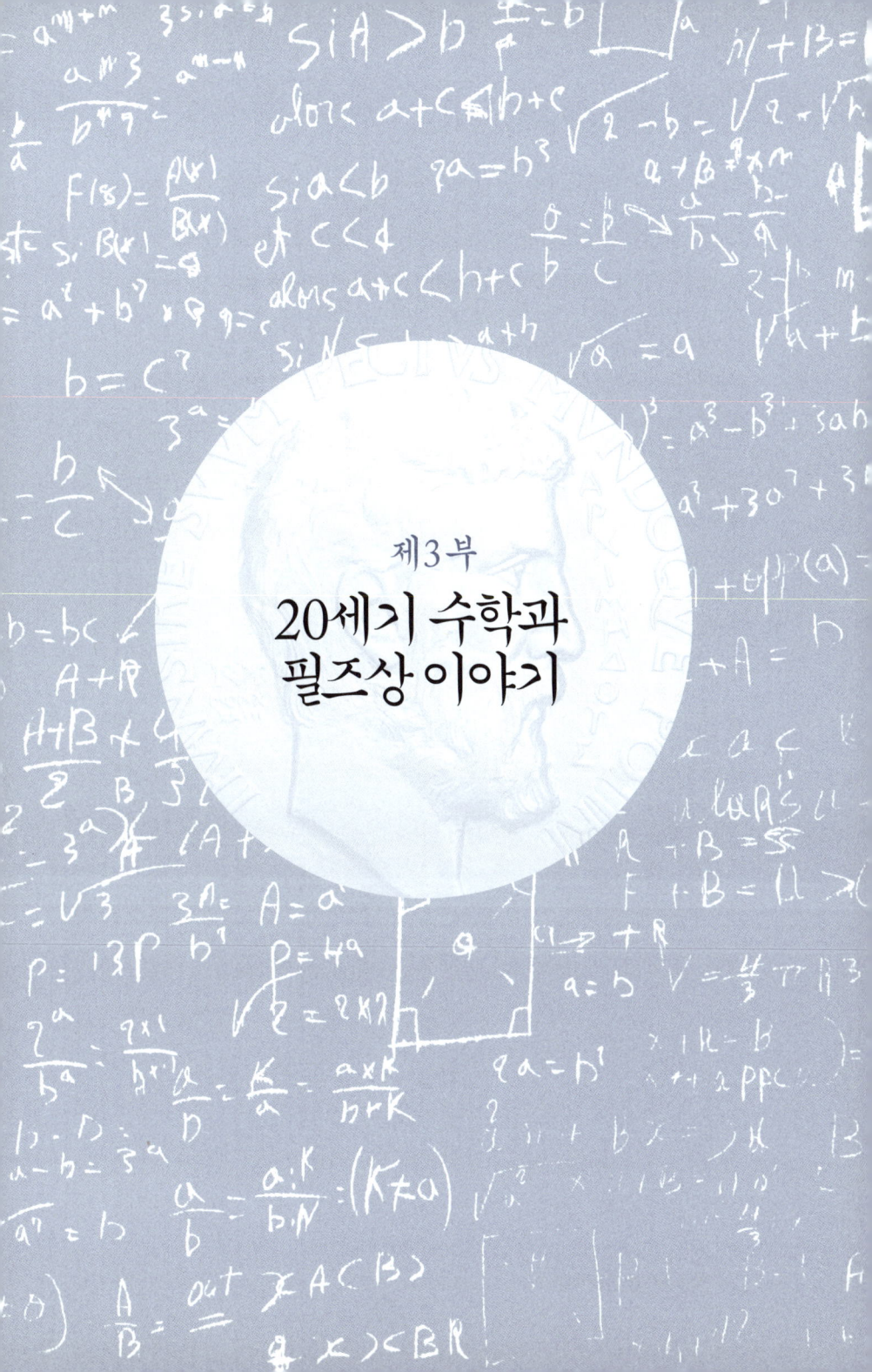

제3부

20세기 수학과
필즈상 이야기

20세기 수학을 살펴보기에 앞서

20세기 수학의 역사를 이야기하는 것은 매우 어렵다. 실제로 서점에 가 보아도 일반 대중을 위해 19세기 이후 현대 수학의 흐름을 설명해 놓은 책을 찾기 어려운 상황이다. 어떤 수학자의 말을 빌리자면 다른 과학과는 달리 수학의 대중적 교양 수준은 여전히 19세기에 머물러 있다고 해도 과언이 아니다.

거대 강입자 가속기와 힉스 입자, 암흑 물질 등 겨우 수십 년의 역사를 가진 최근 물리학의 주제들은 종종 신문에 등장하고 있다. 새로운 진화론적 증거에 대한 논쟁이 대중의 관심을 끌고 화학 기술의 발전으로 인한 신소재 연구 등이 테크놀로지의 미래와 관련되어 주목받는 일에 비하면 수학의 발전상은 몇 년에 한 번씩 신문에 소개될 뿐이다. 100년씩 묵은 난제 정도가 풀리는 게 아니라면 수학의 현재는 대중적 관심으로부터 완전히 동떨어져 있다고 할 수 있다.

하지만 20세기 이후 수학은 그 어느 때보다도 눈부신 발전을 거듭하고 있으며, 수학적 능력을 갖춘 인재를 필요로 하는 분야도 증가하고 있다. 월 가 등 금융 분야에서는 오래 전부터 수학자들을 채용하기 시작했다. 컴퓨터 과학의 발달, 통계 및 데이터 처리 기법의 발전, 이론물리학 등 첨단 과학의 진보는 그에 수반되는 수학적 지식의 폭발적인 증대 없이 불가능한 일이었다. 이렇게 눈부신 수학의 황금시대에 현대 수학은 왜 대중들로부터 멀리 떨어져 있는 것일까?

인류 역사상 수학이 이렇게 성공적으로 발전한 시기가 없음에도 불구하고 이런 상황이 벌어진 이유는 아마도 19세기 이후의 현대 수학이 갖고 있는 본질적인 성격 때문이라고 해야 할 것이다. 현대 수학은 이전과 비교할 때 너무나 추상적이고 일반화된 개념들을 다루고 있어서 비수학도들이 접근하기 어려운 분야가 되어 버린 것이다. 게다가 수학의 놀라운 발전은 세분화와 전문화로 이어져 전공 분야가 아니고서는 같은 수학자라고 하더라도 그 발전 양상을 다 따라잡기 어려운 실정이다. 성공으로 인해 대중들과 유리되고 발전의 걸림돌이 되어 버린 역설적인 상황인 것이다.

이 장에서는 이러한 난점을 염두에 두면서 현대 수학의 특징과 흐름을 조금이나마 소개하도록 하겠다. 인류의 지적 혁명을 선도하고 있는 수학이 어떻게 흘러가고 있는지 조금이나마 이해할 수 있는 계기가 되기를 바란다.

세분화와 양적 팽창

고전적인 수학은 크게 나누어진 대분류로 깔끔하게 이해가 가능했다. 초급 단계에서는 수학을 '수와 도형에 관한 학문'으로 정의하곤 한다. 이것은 현대 수학에서는 전혀 들어맞지 않지만 수학사 초창기나 초급 수학 교육에서는 매우 유용한 분류이기는 하다. 덧셈, 뺄셈, 곱셈, 나눗셈 등에 관한 산술이나 미지수를 구하는 방정식을 다루는 고전적인 대수학이 바로 수를 다루는 분야였다. 이에 반해 도형의 성질을 이용하는 기하학은 처음부터 산술이나 대수학과는 구별되는 독자적인 분야를 형성하고 있었다.

여기에 변화가 일어난 것은 17세기 이후였다. 먼저 데카르트에 의한 직교좌표의 출현은 기하학을 대수학적으로 이해할 수 있는 발판을 마련했다. 수학사 최초의 역사적인 통합이라고 해도 좋을 이 사건은 해석 '기하'라는 새로운 분야를 탄생시켰다. 또한 방정식을 기하학적으로 이해하고 기하학적 도형의 성질을 방정식을 통해서 이해할 수 있는 기틀을 마련했다.

뉴턴과 라이프니츠에 의해 태어난 미적분학(해석학)은 한편으로는 함수라는 새로운 수학적 개념의 탄생과 깊은 관련이 있기는 하지만, 애초에는 기하학적인 접근을 통해서 탄생한 수학 분야였다. 예를 들어 도형의 넓이를 구하기 위한 구분구적법(도형을 무한히 작은 면적으로 나누어 그 넓이를 구하는 방법)이 적분과 밀접한 관계가 있는 것이 그러하다. 그러므로 수학적 지형도에 커다란 변화가 일어나고 있기는 했지만 여전히 근대까지만 하더라도 수학은 크게 수(산술과 대수학)와 도형(기하학과 해석학)에 관한 학문이라고 이해할 수 있었다. 실제로 19세기까지 유럽의 학교에서 유클리드의 『원론』을 교과서로 사용한 것을 보아도 실제 수학의 발달과 수학에 대한 이해 사이에는 시차가 존재했다는 것을 알 수 있다. 이러한 시차는 오늘날에도 여전히 존재하고 있는 것이겠지만 말이다.

그러나 19세기 이후 수학의 지형도는 다시 크게 바뀐다. 갈루아에 의해서 추상적인 현대 대수학이 탄생하면서 대수학은 군, 체 등 추상적인 대수적 구조에 관한 학문으로 바뀌기 시작했다. 한편으로 해석학은 바이어슈트라스와 코시 등의 업적에 힘입어 연속과 무한소에 관한 엄밀한 기초가 마련되면서 기하학적인 뿌리를 벗어나 발전했다. 여기에 오일러로부터 영감을 얻은 위상수학이 발전하면서 수학의 또 다른 분야를 형성하기 시작했다. 위상수학은 전혀 새로운 수학적 개념과 접근법으로 기존의 수학적 문제를 새롭게 이해하는 시각을 제공하면서 새로운 대상을 수학적 주제로 창조하였다. 아마도 19세기에 형성된 현대 수학은 크게 대수학, 해석학, 위상수학의 큰 흐름으로 정리되었다고 해도 크게 왜곡된 이야기는 아닐 것이다.

크게 보면 그렇게 말할 수 있지만 실제로 수학은 더 복잡한 양상을 띠며 발전해 나갔다. 기존의 수학적 대상을 새로운 개념을 통해 전혀 다른 기초 위에서 재정의하기도 하고, 서로 다른 분야를 통합하는 실마리를 찾기도 하면서 말이다. 예를 들어 19세기에 들어 비약적으로 발전한 집합론과 수리논리학은 수학기초론이라는 분야를 형성하면서 수학의 언어를 제공하려고 했다. 기존의 많은 수학적 개념들을 집합을 통해 나타낼 수 있다는 것을 알게 되면서 수학의 여러 분야들을 집합론의 기초 위에서 재정립하려는 시도가 있었다.

다른 한편으로 리만에 의한 비유클리드 기하학은 기존의 유클리드 기하학을 곡률이 0인 특수한 경우로 정의하면서 다양한 곡률을 가진 기하학적 형태들을 수학의 영역으로 끌어들였다. 이러한 기하학적 도형의 표면의 성질을 해석학적 방법을 통해 연구하는 미분기하학이 탄생함으로써 해석학과 기하학의 결합과 발전이 이루어진 것이다. 또한 리만은 정수와 소수의 성질을 복소함수를 통해 연구하는 해석적 정수론을 탄생시켰는데 이것 역시 기존의 대상(정수론)에 새로운 접근법(해석학)을 결합시킴으로써 전혀 새로운 지평을 연 사례이기도 하다. 이외에도 20세기에는 확률 통계론의 발달, 컴퓨터 과학에서의 알고리즘 연구 등 필요에 따라 새로운 수학 분야가 탄생하는 것을 목격할 수 있다.

1970년대 스타니슬라프 울람의 유명한 일화는 현대 수학의 놀라운 양적 발달의 정도를 짐작하게 해 주는 사례로 자주 소개되곤 한다. 울람은 강연을 하다가 수학 잡지와 한 해에 발표되는 논문의 개수를 통해 대략 1년에 10만 개의 새로운 정리가 발표된다고 언급했다. 이 강연을 듣던 두 명의 수학자는 뒤에 보다 정밀한 계산을 통해 20만 개의 새로운 정리가 발표된다고 정정했다. 실제로 미국수학회에서 발표한 2010년 수학 주제 일람표를 보면 약 47쪽에 달하는 목록표에 97개의 대분류와 수천 개에 달하는 소주제 분류가 등장한다. 전 세계적으로 수학을 직업으로 삼고 있는 수십만 명의 수학 종사자들이 있으며, 이러한 소주제들은 매 10년마다 점점 더 세분화된 채로 업데이트되어 발표된다.

현대 수학의 이러한 양적 팽창과 세분화를 말해 주는 또 다른 사례는 바로 '수학의 모든 분야를 다 알았던 마지막 대수학자가 누구였는가?'라는 질문을 통해 알 수 있다. 흔히 언급되는 사람은 앙리 푸앵카레나 존 폰 노이만이다. 인간의 능력을 뛰어넘은 천재성을 보여 흔히 반신(半神)으로 불렸던 존 폰 노이만은 누군가가 "당신이 알고 있는 수학의 분야는 어느 정도입니까?"라고 질문하자 잠시 계산을 해 본 뒤 "27퍼센트."라고 대답했다고 한다. 아마 오늘날 푸앵카레와 폰 노이만을 합쳐 놓은 대수학자가 태어난다고 하더라도 그 숫자는 형편없이 작을 것이다.

대통합

반대로 현대 수학은 위대한 대통합의 시대이기도 하다. 1970년대 고등연구소의 수학자 랭런즈가 제창해서 유명해진 랭런즈 프로그램은 전혀 다른 수학적 분야, 구체적으로는 수론과 군론(표현론)을 연결하는 일련의 추측들을 증명해 나가자는 것이다. 랭런즈 프로그램은 무수한 다른 방향으로 질주하는 듯 보이는 수학이 실은 하나의 거대한, 그렇지만 단일한 분야라는 미적 확신에 기초하고 있다. 이것은 많은 수학의 대가들이 공통적으로 갖고 있는 믿음이기도 하다. 『필즈상의 빛을 통해 본 현대 수학(Modern Mathematics in the Light of the Fields Medal)』이라는 책을 쓴 러시아 수학자 미카엘 모나스티르스키도 필즈상 수상자들의 업적을 소개하는 강연에서 수학의 연구에 발을 처음 들인 사람들은 수학이 하나의 분야라는 걸 알지 못하지만 위대한 수학자의 연구를 공부하다 보면 그 사실을 알 수 있다고 강조한 적이 있다.

이러한 랭런즈 프로그램의 첫 번째 성공적인 사례가 바로 유명한 앤드루 와일즈의 '페르마의 마지막 정리'의 증명이다. 페르마의 마지막 추측이라고 불러야 좋을 이 문제는 다들 알다시피 피타고라스의 정리에서부터 시작된다. $X^2+Y^2=Z^2$의 형태를 만족시키는 자연수 X, Y, Z의 쌍은 무한히 많다. 그렇다면 세제곱 이상일 때는 어떨까? n이 3이상의 자연수일 때 $X^n+Y^n=Z^n$를 만족시키는 자연수 X, Y, Z의 쌍은 존재하지 않는다는 것이 페르마의 마지막 정리이다. 초등학생도 이해할 수 있는 이 간단한 정리는 300년 이상이나 무수한 천재 수학자들의 도전에도 굴복되지 않은 채 난공불락의 성으로 남아 있었다.

힐베르트가 23개의 난제를 꼽을 때 이 문제를 포함시키지 않았던 것은 아마도 힐베르트가 이 문제가 정수론의 흥밋거리에 지나지 않는다고 생각했기 때문일 가능성이 크다. 힐베르트는 페르마의 마지막 정리는 몇 년간 매달려야 하는 문제이긴 하지만 그럴 만한 가치가 없기 때문에 도전하지 않는다고 말했다.

하지만 이 정리를 해결하는 실마리는 정수론이 아닌 전혀 새로운 분야에 있었다. 일본의 수학자 타니야마와 시무라는 제2차 세계대전이 끝난 후 1950년대에 추상수학의 한 분야인 모듈론과 특별한 3차 방정식인 타원방정식이 서로 밀접한 관계에 있다는 추측을 발표한다. 프랑스의 대수학자 앙드레 베유에 의해서 유명해졌기 때문에 타니야마-시무라-베유 추측으로도 불린 이 추측은 수학의 전혀 다른 분야를 연결시키는 아름다운 추측이었지만, 너무나 대담해서 누구도 증명할 생각을 하지 못했다. 하지만 프레야가 만일 타니야마-시무라 추측이 맞다면 페르마의 마지막 정리도 그에 따라 정리된다는 프레야의 정리를 증명함으로써 상황은 전혀 새로운 국면에 도달하게 된다.

프린스턴 대학교에서 타원방정식을 연구하고 있던 앤드루 와일즈는 이 문제에 몇 년을 매달려 결국 타니야마-시무라 추론을 증명했다. 즉 결국 페르마의 마지막 정리를 증명한 것이다. 일반인들에게는 페르마의 마지막 정리가 증명되었다는 것이 화젯거리가 되었지만 이것은 수학적으로는 대수기하학의 한 분야인 타원곡선이 정수론과 연결되고, 또 그것이 추상대수학의 영역인 모듈론과 결합되는 학의 한 분야인 첫걸음이라는 것이 중요했다. 그 당시 앤드루 와일즈는 이미 마흔 살이 넘었기 때문에 필즈상을 받지는 못했고 필즈 특별상을 수상했다. 와일즈가 랭런즈와 함께 울프상을 공동 수상한 것은 바로 수학자 사회가 이러한 분야의 연구에 대한 공로를 인정했다는 표시였다. 참고삼아 말하지만 드린펠트와 로랑 라포르그의 필즈상 수상 업적도 랭런즈 프로그램의 성취와 깊은 관련이 있는 것이었다.

현대 수학은 세분화되는 듯 보이지만 한편으로는 그 세분화된 분야들이 재결합함으로써 또 새로운 분야를 탄생시키는 동시에, 예상치 못한 곳에서 서로 다른 분야들이 만나는 모습을 보여 준다. 필즈상과 밀접한 관련이 있으면서 현재 진행 중인 이러한 대통합의 또 다른 사례로는 아마도 문샤인 추측을 들 수 있을 것이다. 보셔즈와 톰슨 등은 유한단순군 연구에서 세운 업적을 인정받아 필즈상을 수상했는데, 이 유한단순군 중에서 가장 큰 군인 몬스터군이 어쩌면 수론과 밀접한 관련을 갖고 있을 수도 있다는 추측을 제기했다.

이런 일은 수학에서는 드물지 않게 일어나는 일이다. 초보적인 설명으로 데카르트의 직교좌표를 앞에서 언급했지만 직교좌표는 x+yi 꼴의 복소수를 기하학적으로 이해하는 복소평면으로 재등장하기도 하고, 직각삼각형의 한 내각과 세 변 사이의 길이로만 이해되었던 삼각함수를 직교좌표 위의 단위원에 관련된 함수로 이해할 수 있도록 해 주기도 한다. 직교좌표 위의 점들은 함수로 이해될 수도 있으며 때로는 좌표값 (x, y)의 순서쌍의 집합으로도 이해될 수 있다. 이러한 것들은 같은 대상을 다른 수학적 언어와 지평으로 설명할 수 있는 아주 기초적인 사례라 할 수 있다. 마찬가지로 소수는 '1을 제외하고 다른 수로 나누어떨어지지 않는 자연수'로 이해되지만, 다른 각도에서 보면 특정한 복소함수를 만족시키는 정수해들의 집합일 수도 있다.

아마도 수학이 더욱 세분화되고 발전할수록 더욱 깊은 곳에서 우리가 예상치 못했던 수학의 조화와 통일성이 발견될 수 있지 않을까. 그것이 바로 랭런즈 프로그램의 정신이자 현대 수학을 이해할 수 있는 한 가지 열쇠이기도 하다.

필즈상에 대해 떠도는 농담으로 이런 것이 있다. "필즈상을 받으려면 중요한 정리를 제시하고 그것을 증명해야만 한다. 그런데 딱 두 번의 예외가 있었는데, 하나는 서스턴이고 다른 하나는 위튼이었다. 서스턴은 기하화 추측을 제시하기만 했는데도 상을 받아 필즈상을 받기 위해 반드시 어떤 정리를 증명할 필요는 없다는 것을 보여 주었다. 위튼은 다양한 초끈 이론의 모델을 하나의 수학적 모델로 통합할 수 있다는 것을 보이기만 함으로써 상을 받았기 때문에 어떤 정리를 제시하지 않아도 필즈상을 받을 수 있다는 것을 보여 주었다."

사실 필즈가 상을 제정하려고 했을 때 그는 두 가지 원칙을 마음에 두고 있었다. 하나는 중요한 난제를 증명하는 것이고, 또 다른 하나는 응용 분야가 넓은 새로운 수학적 이론을 제시하는 것이었다. 그러나 실제로 필즈상의 기준은 매우 엄격해 응용수학보다는 순수수학의 정리를 증명하는 쪽에 치우쳤던 것도 사실이다. 그러나 최근 필즈상의 기준은 조금 완화되어 응용수학 분야에 대해서도 좀 더 관대한 기준을 갖게 되었다. 여기서는 필즈상과 20세기 전체의 수학을 배경으로 순수수학과 응용수학의 관계를 살펴보도록 하자.

순수수학의 가치

사실상 수학사 전체를 놓고 보면 수학은 늘 응용을 통해서 발전해 왔다. 17세기 수학의 위대한 성취인 미적분만 하더라도 계산법으로 고안된 것이었기에 무한소에 대한 엄밀한 해석을 통해 수학적 기초가 세워진 것은 무려 두 세기가 지난 후의 일이었다. 사실 음수나 허수, 무한소와 같은 개념은 우리의 일상적인 직관과 상충되는 것이어서 수학에서 받아들여지기까지 많은 어려움을 겪어야 했다. 하지만 튼튼한 기초가 없을 때에도 계산의 편리성 때문에 사람들은 계산법을 계속 발전시켰고, 그 기초가 만들어지는 건 훗날의 일이었다. 실수의 연속성은 데데킨트의 절단에 의해서 엄밀하게 다듬어졌고, 무한소 미분의 경우 바이어슈트라스 등에 의해서 수학적으로 정리됨에 따라 (정확히는 무한소를 추방시켰다) 해석학이 비로소 그 기틀을 잡을 수가 있었다.

이런 비슷한 사례로 확률 이론을 들 수가 있다. 이미 대수학적으로 내기, 확률, 기댓값 등을 처리하는 수학적 테크닉은 17세기의 파스칼과 페르마의 편지 교환을 통해서 마련되었고, 베르누이 등 18세기 수학자들에 의해서도 많은 발전을 이루었다. 통계적 방법론이 발달한 것은 행정적인 필요성이 증대하면서 새로운 계산법이 요구되었기 때문이다. 그러나 엄밀하게 확률론이 공리적인 기초를 갖게 된 것은 1930년대 콜모고로프의 기념비적인 저술이 나오면서부터였다.

수학 전체를 놓고 본다면 무엇보다 물리학의 발달이 수학의 중요한 발전을 이끌었다고 해도 과언이 아니다. 일단 미적분학 자체가 뉴턴의 물리학적 연구에서 비롯된 것이었고, 삼각함수 등도 현의 진동과 관련해서 물리적 성질을 통해 깊이 있는 연구가 이루어진 분야였다. 로그함수 또한 복잡한 수치 계산을 편리하게 하기 위해 도입된 것이었다. 로그의 발명으로 천문학자들의 수명이 배나 늘어났다는 말이 있을 정도였다. 반대로 보면 수학적 이론이 물리학의 발달에 큰 도움을 준 것도 사실이다.

현대로 넘어와 아인슈타인의 일반 상대성이론은 리만 기하학의 발달이 없었다면 엄밀한 수학적 정식화를 이룰 수 없었다. 곡률을 계산하는 수학적 이론이 있었기에 복잡한 텐서의 계산이 가능했던 것이다(많이 알다시피 수학적인 4차원 이론은 이미 괴팅겐 학파에서 충분히 연구되고 있던 주제였고, 이 학파 출신이자 아인슈타인의 지도 교수였던 민코프스키가 일반 상대성 이론의 수학화에 큰 도움을 주었다). 또 다른 한편으로 양자역학은 힐베르트 공간, 군론 등의 연구에 기초해서 발달할 수 있었다. 통계역학도 수학적 발전과 물리학의 발전이 함께 이루어진 대표적인 분야라고 할 수 있다. 앙리 푸앵카레가 첫 수학자대회를 개최하며 개회사에서 물리학과 밀접한 협력 관계를 통해 수학이 발전하기를 바랐던 것은 이러한 시대적 배경을 안고 있었던 것이다.

하지만 그 다음 수학자대회에서 힐베르트는 또 다른 수학적 비전, 즉 순수수학의 기치를 높이 내세웠다. 이것은 실은 19세기 비유클리드 기하학의 발전 이후 수학의 확실한 기초와 엄밀성에 대한 요구를 자각한 것과 깊은 관련이 있다. 거의 2천 년 이상 진리로 여겨져 왔던 유클리드 수학이 '많은 가능한 수학' 중 하나라는 사실이 밝혀짐에 따라 다른 수학적 진리들도 그런 운명을 겪지 않게 하기 위해 자명하고 확실한 토대 위에 일관된 체계로 재건축되어야 한다는 필요성을 느꼈던 것이다. 이는 시차를 두고 한편으로는 집합론과 수리논리학을 통한 수학기초론을 통해서, 다른 한편으로는 엄격한 공리주의적 방법론과 체계화를 통해 수학을 재건하는 시기로 이어졌다. 다른 한편으로는 어쩌면 19세기 말부터 제1차 세계대전에 이르는 지적 풍토에서 그 어느 때보다도 순수한 학문에 대한 열망이 강했던 것이 20세기 초반(특히 1930년대)에 순수수학의 기치를 높이 내세우게 된 촉진제가 아니었을까 싶기도 하다. 20세기 초 영국의 지도적인 수학자였던 하디가 '수학은 무용하기 때문에 아름답다'고 강조한 것은 아마도 그런 이유에서였을 것이다. 필즈상을 만든 필즈 역시 1930년대의 이러한 분위기에 젖어 있었기에 순수수학의 성과를 강조하는 시상 기준을 만들었다고 할 수 있다. 1930년대 이후 대수기하학, 대수 위상학, 미분기하학, 복소함수론 등 다양한 분야에서 필즈상 수상자들이 나왔지만, 20세기 후반에 이르기까지 대부분 순수수학에 치중해 수상자를 선정한 것은 20세기 수학을 관통하는 하나의 경향을 보여 주었다.

그러나 순수수학은 수학자들이 아니고서는 그 가치와 아름다움을 쉽게 이해하고 전달할 수 없다는 어려움을 안고 있다. 수학에 대한 다각적인 통찰과 반성을 담은 교양서로 찬사를 받은 『수학적 경험(The Mathematical Experience)』의 저자들은 책의 한 장인 '이상적인 수학자'를 통해서 그 어려움을 극적으로 보여 준다. 이 장은 연구지원금 책정을 위해 온 행정요원과 순수수학자와의 대화를 통해서 순수수학의 대상과 그 연구의 가치를 설명하는 것이 불가능에 가깝다는 것을 보여 준다. 이 수학자는 초비리만 정다각형을 연구하는데, 일단 그것이 어떤 것인지를 행정요원에게 이해시키지 못한다. 추상적인 수학적 대상이라는 설명밖에 할 수 없었기 때문이다. 그 주제를 이해하고 같이 연구하는 동료는 소수이며 (수학이 워낙 세분화되었기 때문이다) 이 연구의 응용 분야는 거의 없다. 양자 역학의 최첨단 이론에서 적용하려는 시도가 있다고는 하지만 아직 성과라고 할 만한 것은 없기 때문이다. 행정요원은 난색을 짓고 수학자는 결국 설명을 포기한다.

1980년대 미국 수학 교육의 문제점을 지적하는 『왜 선생은 가르치지 못하는가』『왜 조니는 덧셈을 하지 못하는가』 등을 써서 유명해진 모리스 클라인은 『수학의 확실성(Mathematics: The Loss of Certainty)』이라는 책을 통해서 수학적 확실성과 일관성 등 순수수학의 이념에 대한 집착이 수학을 고사시킨다고 주장하였다. 더불어 응용수학이 오히려 수학을 풍부하게 하고 수학의 생명력을 유지시켜 줄 것이라는 주장을 펼쳤다. 이것은 반대로 순수수학의 발달이 20세기에 얼마나 눈부시게 이루어졌는가의 방증이라고 해야 할 것이다. 순수수학의 이념 아래서 20세기의 수학자들은 역사상 거의 처음으로 실용적인 결과에 대한 책임이나 압박감 없이 순수한 지적 즐거움만을 위해 수학을 연구할 수 있었기 때문이다.

응용수학의 약진

하지만 이렇게만 보면 현대 수학의 절반만을 보는 왜곡된 시선이 될 것이다. 왜냐면 20세기 중반 이후로 새로운 수학적 영감이 수학의 발전을 이끈 원동력이 되었기 때문이다. 우선 순수수학 바깥에서 수학의 발전을 이끈 분야로 컴퓨터 과학과 복잡계 과학의 예를 들고,

그 다음으로 순수수학과 응용수학의 관련성을 다시 생각해 보자.

컴퓨터 수학의 기초인 계산 이론은 이미 19세기부터 뿌리를 내리고 있었다. 불의 대수학은 계산기의 논리 회로를 만드는 기초가 되었고, 프레게에 의한 형식논리학은 컴퓨터가 처리할 수 있는 엄밀한 형식 언어를 만드는 기초가 되어 주었다. 특히 계산을 형식적으로 정의한 비운의 천재 수학자 앨런 튜링의 (튜링 머신을 통한) 계산 이론과 재귀 함수를 논리적으로 처리할 수 있는 알론조 처치의 람다 계산법(Lambda calculus)은 논리학과 계산 이론을 통합하는 혁신이었다.

물론 컴퓨터의 발달은 수학에 새로운 골치를 안겨 주기도 했다. 예를 들어 오랫동안 난제로 여겨졌던 4색 문제(지도를 네 가지 색만으로 칠하는 것)는 컴퓨터를 통해 증명이 이루어졌는데, 단순하고 아름다운 전통적인 수학적 증명이 아닌 컴퓨터를 이용한 증명이 과연 수학에서 받아들여질 수 있는지에 대한 논란은 아직도 계속되고 있다. 주어진 통 속에 어떻게 하면 구를 가장 많이 쌓을 수 있는가를 물은 케플러의 추측(Kepler's conjecture) 역시 컴퓨터를 이용해 증명되었기 때문에 앞으로 중요한 수학적 정리들이 컴퓨터로 증명될 때마다 이 논란은 다시 살아날 것이다.

그보다 실용적으로 중요한 것은 컴퓨터를 이용해 어떤 작업을 수행하기 위한 수학적 계산법들을 개발해 왔다는 것이다. 예를 들어 우리가 흔히 쓰는 포토샵만 하더라도 주어진 과제(예를 들어 윤곽 그리기 등)를 수행하기 위해서는 복잡한 계산을 해야 한다. 컴퓨터의 활용도가 늘어남에 따라 좀 더 빠르고 간단하게 복잡한 수학적 계산을 수행할 수 있는 수식과 알고리즘의 연구는 컴퓨터 수학 분야에서 중요한 연구 주제가 되어 왔다.

다른 한편으로 앞서 설명한 계산 이론에서의 알고리즘에 대한 깊은 이해는 수학을 이해하는 다른 시야를 제공해 주기도 했다. 컴퓨터가 이론적으로 처리 가능한 계산의 한계는 흔히 '튜링 머신(Turing machine)'을 통해 설명된다. 튜링 머신이란 주어진 규칙에 따라 종이 테이프 위에 0과 1을 쓰거나 지우며 테이프를 움직이는 기계이다. 아주 단순한 것처럼 보이지만 어떤 컴퓨터라도 그것이 할 수 있는 일이라면 튜링 머신도 할 수 있다. 이것은 수학적으로는 '재귀 함수'로 이해된다. 재귀 함수는 자기 자신을 호출하는 함수로 알고리즘과 밀접한 관계가 있기 때문에 컴퓨터 명령 처리에서 본질적인 부분을 차지한다. 실제로는 스크립트에서 직접 사용하지는 않지만 논리적으로 컴퓨터(튜링 머신)가 처리할 수 있는 것은 재귀 함수를 통해 처리할 수 있는 수학적 계산과 동일하다는 것이 이론적으로 밝혀져 있다.

컴퓨터 과학과도 밀접한 관련이 있는 또 다른 응용수학의 다른 분야는 복잡계 수학이다. 확정되지 않은 애매한 값을 처리할 수 있는 퍼지 논리학(Fuzzy logic), 분수 차원의 기하학을 다루는 프랙탈 이론, 초기 조건의 작은 변화가 산출에 있어서 큰 차이로 나타나는 기상 모델에 기초한 로렌츠의 카오스 이론과 이상한 끌개(Strange attractor) 등 다양한 영감에 의해서 발달한 복잡계 과학은 간단하게 현실적인 불확실성과 비결정성을 수학적으로 다루려는 시도라고 설명할 수 있다. 이것의 뿌리는 실은 3체 문제라는 고전적인 문제로까지 소급해

올라갈 수 있다. 질량과 중력에 의한 상대적인 운동을 다루는 뉴턴 방정식은 달과 지구, 태양과 지구처럼 2체 문제일 때는 간단한 방정식으로 해결 가능하지만 태양, 지구, 달의 경우처럼 3체 문제가 되면 간단한 방정식으로 표현될 수 없다는 점으로 오랫동안 사람들을 괴롭혀 왔다. 이를 두고 1차의 간단한 선형방정식으로 해결이 불가능하다는 의미에서 '비선형 동역학'이라고 한다.

이러한 비선형 동역학계는 비결정론적이고 불규칙하지만 충분히 근사적으로 다룰 수 있는 어떤 패턴을 보인다. 이 패턴을 다룰 수 있는 수학적 개념과 테크닉이 복잡계 수학의 중요한 부분을 차지한다. 이 복잡계 수학이 컴퓨터와 밀접한 관련을 가지는 이유는 근사적인 모델을 통한 시뮬레이션이 복잡계 연구의 상당 부분을 차지하기 때문이다. 덧붙이자면 복잡계 과학을 통해 물리학은 수학과 밀접한 관련을 맺고 발전하고 있다. 현실적인 문제를 풀어야 한다는 점에서 물리학의 연구 분야인 동시에, 새로운 비선형 모델을 만들어야 한다는 점에서 수학적인 연구이기도 하기 때문이다.

그러나 20세기 후반 물리학이 수학과 만나는 해후의 극적인 장소는 바로 이론물리학과 순수수학이 만나는 초끈 이론이다. 초끈 이론은 처음부터 수학적 영감에 의해서 발전했다. 1960년대 물리학자 베네치아노는 강력의 연구에서 나타나는 어떤 패턴이 '오일러 베타 함수'라고 불리는 함수와 일치한다는 사실을 우연히 발견했다. 이는 순수한 수학적 연구였던 오일러 베타 함수의 물리적 의미를 재해석하는 연구로 이어졌는데, 입자의 운동이 실은 1차원적인 끈의 진동으로 해석될 수 있다는 것을 의미했다. 이것이 바로 초끈 이론의 탄생을 낳은 우연한 발견이었다.

훗날 초끈 이론의 발달은 이미 알려진 입자들의 성질을 설명할 수 있는 끈의 수학적 구조를 기술하는 것으로 이어졌다. 끈의 진동을 설명하기 위해서는 4차원을 넘어 더 높은 차원이 필요하다는 사실이 알려지면서, 고차원의 대칭 구조를 설명할 수 있는 대수학의 군 이론과 고차원의 곡면을 설명하는 다양체 이론이 필요했다. 특히 여러 개의 차원이 좁은 공간에 말려 있으면 거시적인 시각에서는 그 차원들이 숨겨진 것으로 보일 수 있다는 칼루자-클라인 이론은 그 공간들이 어떤 식으로 말려 있는지를 설명할 수 있는 칼라비-야우 다양체 이론에 대한 연구로 이어졌다. 야우는 다양체에 대한 이론으로 필즈상을 받았다.

앞에서 말했다시피 크게 다섯 가지 부류로 나누어져 있던 끈 이론을 하나 더 높은 차원에서 통합할 수 있는 수학적 이론인 'M 이론'을 제시함으로써 초끈 이론의 두 번째 혁명을 이끈 에드워드 위튼도 필즈상을 받았다(그는 필즈상을 받은 유일한 물리학자이다).

위튼 이후로 최근에는 주로 물리학과 깊은 관련을 맺고 있는 수학적 연구들에 필즈상이 수여되면서 이론물리학과 수학의 협력 관계가 더욱 강화되고 있다. 특히 고차원에서의 끈 이론의 전개에서 복소함수를 사용하는 등각장 이론이 사용되는데, 최근 이론물리학에서 각광을 받고 있는 말다세나의 이론도 이에 관한 것이며 벤델린 베르너의 업적도 이와 관련이 있다.

수학의 패러다임

과학사학자 토마스 쿤은 『과학혁명의 구조(The Structure of Scientific Revolutions)』를 통해 패러다임이라는 개념을 내세웠다. 그는 과학은 연속적으로 발전하는 것이 아니라 '패러다임'이라고 부르는 일종의 관점과 틀의 변화를 통해 불연속적이고 비약적으로 변화한다고 주장했다. 쿤의 이 책은 20세기의 고전 중 손가락에 꼽을 만큼의 명저이지만, 오늘날에 와서는 쿤의 주장도 극복되어야 할 역사적인 업적이 되고 있다. 화학자나 생물학의 경우에는 패러다임의 변화라고 할 만한 것이 없었다며 쿤의 주장이 물리학의 어떤 측면에만 적용되는 제한적인 관점이라는 비판이 제기되기도 했던 것이다.

마찬가지로 수학에서도 뉴턴의 고전역학에서 아인슈타인의 상대성이론이나 양자 역학으로의 전환과 같은 급격한 패러다임의 변화는 없었다고 할 수 있을 것이다. 수학자들은 하나의 난제를 수백 년 동안 풀기도 하며 표기법의 문제만 제외하면 오늘날에도 과거의 책이나 논문들을 훌륭한 교재로 사용할 수 있기 때문이다.

사실상 어떤 관점에서 보면 수학이야말로 과거의 업적에 바탕을 두고 새로운 업적이 덧붙여지는 누적적인 학문이라고 말할 수 있을 것이다. 과거의 업적 중 그 어떤 것도 버리지 않기 때문이다. 하지만 역설적으로 수학은 새로운 패러다임이 가장 자주 출현하는 학문이기도 하다. 계속 지적하는 것이지만 과거의 문제나 개념을 전혀 새로운 틀에서 재정립하여 새로운 학문을 만들었다고 할 수 있을 정도의 변화를 겪어 왔기 때문이다.

여기서부터는 19세기 이후 수학의 재편과 관련된 주요한 흐름을 살펴보도록 하자.

19세기 수학의 지각 변동

수학사 전체를 다시 훑어볼 수는 없으니 간단하게 20세기 수학을 이해할 수 있는 커다란 흐름만 짚어 보기로 하자. 먼저 우리가 출발점으로 삼을 수 있는 것은 수학사 전체를 뒤흔든 비유클리드 기하학의 탄생이다.

유클리드 기하학은 오랫동안 수학의 전범으로 존재했다. 유클리드의 『원론』은 먼저 용어를 정의하고 공리(와 공준)을 도입하고, 그로부터 수학의 자명한 정리들을 연역(演繹)해 나간다. 용어의 정의와 공리를 받아들이면 그로부터 도출되는 정리를 부정하는 것은 불가능하기 때문에 이 체계는 수학의 확실성을 보장해 주는 것이었고, 따라서 다른 학문에도 모범이 되는 지식의 체계가 될 수 있었다.

이러한 믿음에 변동을 가져온 것이 바로 '평행선 공리'의 문제였다. 한 직선과 직선 위에 있지 않은 한 점이 주어졌을 때, 이 점을 지나면서 주어진 직선에 평행한 직선은 하나만 그을 수 있다는 것이 바로 이 공리의 내용이다. 하지만 다른 공리들에 비해서 너무나 길고 장황한 서술에 많은 수학자들은 이 공리를 좀 더 간결하게 만들 수 없을까 고민했다.

그런데 19세기의 리만은 이 공리를 부정하고 다른 공리를 도입하는 무모순의 기하학 체계가 가능하다는 것을 보여 주었다. 이 새로운 기하학에 따르면 유클리드 기하학은 곡률이 0인 특수한 경우일 뿐이고, 곡률이 음이거나 양인 경우 전혀 새로운 기하학이 가능함이 밝혀졌다.

비유클리드 기하학의 탄생은 수학자들에게는 커다란 충격이었다. 자명한 것으로 여겨졌던 공리가 실은 자명하지 않으며, 여러 가지 가능한 선택 중 하나였다는 사실은 수학 전체의 확실성을 뒤흔드는 것처럼 보였기 때문이다. 수학이 스스로 확실성을 입증해야만 하는 처지에 놓인 것이다. 수학의 다른 공리들이 평행선 공리처럼 자의적인 원칙이 아니라는 법이 어디에 있냐는 것이다.

그래서 19세기 중후반 수학자들은 수학을 새로운 기초 위에 단단히 올려놓기 위한 노력을 기울이게 된다. 그 대표적인 노력이 바로 집합론과 수리논리학에 의해서 발전된 수학 기초론이다.

20세기 수학의 주요 개념들 : 집합, 구조, 범주, 함수

19세기 말부터 20세기 초까지는 집합론이 (수리논리학과 함께) 수학의 언어로 수학 전체의 기초를 제공하던 시기라고 할 수 있다. 수학 전체를 산술로 환원시킬 수 있고 이 산술을 다시 집합론으로 환원시키며, 그 집합론을 논리학을 통해 엄밀하게 만들어 수학의 토대를 건설할 수 있다는 믿음이었다. 칸토어의 집합론, 페아노의 공리, 프레게의 형식논리학, 러셀의 논리주의 등이 이러한 흐름의 중요한 금자탑들이다. 러셀에 의해 역설의 문제가 제기되긴 했지만 결국 표준적인 집합론의 공리 체계인 체르멜로-프랭켈 체계가 성립됨에 따라 성공적인 성과를 거두기도 했다.

하지만 이러한 시도는 괴델의 불완전성 정리를 통해 산술공리계 안에서 증명도 반증도 될 수 없는 명제가 존재한다는 사실이 밝혀지면서 위기에 처한다. 더 나아가 필즈상을 받은 유일한 논리학자인 폴 코언은 강제법을 통해서 칸토어의 연속체 가설이 그러한 명제의 실제 사례임을 보여 주었다. 칸토어의 무한집합론은 무한집합에도 농도의 차이가 있다는 것을 보여 준다. 자연수 전체와 일대일 대응이 가능한 무한집합은 알레프-0의 농도를 가진 것으로 정의되고, 실수 전체의 집합은 알레프-1의 농도를 가진 것으로 정의된다. 칸토어는 유리수 전체의 집합이 자연수 전체의 집합과 일대일 대응이 가능하다는 사실과 실수는 자연수 전체와 일대일 대응이 불가능하다는 사실을 보임으로써 둘의 농도가 다르다는 것을 증명했다(칸토어의 대각선 논법).

어떤 집합이 주어지면 그 집합의 모든 부분집합을 생각할 수 있는데 이것을 멱집합이라고 한다. 멱집합은 최초의 집합보다 많은 원소를 갖고 있다는 것을 증명할 수 있다. 칸토어의 연속체 가설은 자연수 전체 집합의 멱집합을 구했을 때 이 멱집합의 농도가 알레프-1인가 아닌가를 묻는 것이었다. 이 연속체 가설은 힐베르트의 23문제 중 하나이기도 했는데 폴 코언은 분명 이 명제가 증명도 반증도 할 수 없는 독립적인 것임을 증명해 필즈상을 수상했다.

그런데 이런저런 성과들에도 불구하고 사실 수학을 산술로 환원하고 산술을 다시 집합론으로 환원하는 작업은 실제 수학 연구와는 동떨어져 있었다. 이것은 전문적인 논리학자들의 몫으로 여겨졌고, 실제 수학 연구는 이와 무관하게 발전하고 있었던 것이다. 이언 스튜어트가 저서 『현대 수학의 개념들(Concepts of Modern Mathematics)』에서 말하듯이 집합론은 수학의 언어이지만 수학의 다른 분야를 모르고 집합론만 아는 학자는 수학에 기여할 것이 거의 없다. 하지만 수학의 어떤 분야에 정통하고 집합론을 모른다면 그건 큰 문제가 되지 않는다.

프랑스의 일군의 수학자들이 부르바키라는 필명으로 수학의 기초에 관한 일련의 교과서적인 저술들을 펴낸 것은 이러한 흐름에 대한 반발이기도 했다. 그들은 (논리학자들이 아닌) '실제 수학 연구자들을 위한 수학의 기초'를 위해 『원론』 시리즈를 펴냈는데 그중 단 한 권만이 집합론을 다루고 있었다. 이들은 수학을 구조들의 학문으로 보았다. 수학의 여러 구조들은 산술이나 집합으로 환원될 수 있는 것이 아니라 서로 다른 구조들로 이루어져 있다. 예를 들어 정수론은 0, 1, 2, 3…… 등 후속자들로 이루어지는 수의 구조를 다룬다. 대수학은 군, 체 등의 추상적 구조를 다룬다. 해석학은 연속과 한계의 구조를 다룬다.

젊은 프랑스의 수학자들이 주로 1940~1950년대에 활발한 활동을 펼친 익명의 집단인 부르바키에 대해서는 훗날 그 참가자들의 전모가 밝혀지게 된다. 초기 멤버들은 안타깝게도 필즈상이 1936~1950년 사이에 공백기를 가지면서 수상 기회를 놓친 1900~1910년대 태생들이 대부분이었지만(대표적인 것이 베유다), 훗날 참여 멤버들에는 필즈상 수상자인 슈워츠, 장 피에르 세르, 그로텐티크 등이 있었다. 부르바키는 필즈상처럼 나이든 수학자들을 배제했는데 40대 이상이 되면 자신의 능력이 쇠퇴하는 것을 알고 자발적으로 물러나는 묵계(默契)가 있었다고 한다.

이들의 새로운 구조주의는 많은 영향력을 발휘해 실제로 20세기 중·후반 이후 많은 수학자들이 자연스럽게 '양식의 과학' 혹은 '구조의 과학'을 수학의 새로운 정의로 받아들이게 된다. 수리철학에서도 20세기 초반의 수학기초론 논의를 벗어나 1980년대 이후에는 구조론의 시각을 받아들이는 새로운 조류가 나타나기도 했다. 키스 데블린의 『수학 : 양식의 과학』은 부르바키적 영감에 의해 씌어진 수학 대중 교양서의 대표적인 사례라고 할 수 있을 것이다.

그러나 이것이 끝은 아니었다. 부르바키 집단에 참여한 유일한 비프랑스 인으로 독일계 미국인 수학자인 새뮤얼 아일렌버그가 있었다. 그는 선더스 맥레인과 함께 1940년대에 '범주'라는 개념을 수학에 도입했다. 이것은 새로운 수학적 대상이라기보다는 수학 전체를 재구성하는 추상적인 이론 틀이었다. 부르바키의 수학구조론이 서로 독립된 수학적 구조들을 토대로 천명한 것에서 그친다면, 이 범주 이론은 서로 다른 수학적 구조들을 함께 볼 수 있는 추상적인 방법을 탐구하는 것이었다.

범주의 친숙한 사례로 우리가 생각할 수 있는 것으로 생물학에서 사용되는 '계통도'가 있다. 일차적으로는 개체들의 집합인 종이 있고, 그 위에 종을 묶는 새로운 층의 개념이 도입된다. 이렇게 이해하면 범주는 계통과 층으로 조직화된 구조라고 볼 수 있을 것이다. 범주 이론은 수학적 대상과 그 구조를 이렇게 이해함으로써 서로 다른 수학적 구조 사이에서 공통의 층을 찾아내고 비교할 수 있는 좀 더 일반적이고 추상적인 시각을 제공하려는 노력이다. 하지만 이 이론 역시 기존의 집합론과 구조론의 경우처럼 수학에 본질적으로 새로운 이론을 도입한 것이라고 보기는 어렵다. 다만 메타수학(수학에 대한 수학)이라는 관점에서 수학 전체를 재구성하고 조망할 수 있는 개념이라고 보아야 할 것이다.

앞의 세 가지 개념들 혹은 이론들은 순수수학의 새로운 기초를 재정립하려는 시도라고 할 수 있다. 이러한 흐름에 마지막으로 덧붙일 수 있는 것은 컴퓨터 수학자들의 관점에서 이루어진 함수의 새로운 이해이다. 컴퓨터 과학자들은 알고리즘과 데이터 처리에 있어서 가장 기초적인 개념으로 논리학과 계산 이론에 토대를 둔 함수 개념을 필요로 했다. 그것이 앞에서 언급한 알론조 처치의 람다 계산법이다. 그러나 이 초기의 함수 이론은 소박한 집합론에서 나타나는 러셀의 역설처럼 문제점이 드러났고 이를 해결하기 위해 새로운 정리가 추가되어야만 했다. 이렇게 재정비된 람다 계산법은 컴퓨터 프로그램의 논리적 기초로 활용될 수 있었고, 컴퓨터 프로그램에 대한 연구는 수학의 연구 분야로 당당하게 인정받을 수 있게 되었다. 다나 스코트는 람다 계산법의 외연 의미론에 대한 연구에서 이점을 입증한 공로로 1976년 튜링상을 수상했다. 튜링상은 필즈상이나 노벨상에 필적하는 컴퓨터 과학 분야 최고의 상이다.

새로운 분야들이 생겨나고 재통합되며 수학의 패러다임이 변화한다면, 수학의 연속성은 어떻게 보장되는 것일까? 그것은 수학의 문제들을 통해서이다. 수학에는 여러 유형의 풀리지 않는 난제들이 있다.

가장 일반적인 해결책은 추측을 입증하는 것이다. 대부분의 필즈상 수상 업적들은 이런 형태의 공로로 이루어져 있다. 최근의 가장 유명한 수학 뉴스 중 하나인 페르마의 마지막 정리는 결국 와일즈가 타니야마-시무라 추측을 증명함으로써 해결되었고, 푸앵카레 추측은 페렐만이 서스턴의 기하화 추측을 증명함으로써 해결되었다. 이것은 가장 일반적이면서도 바람직한 방식이다.

어쩌면 이 문제에는 해답이 없거나 잘못 던져진 문제일 수도 있다. 그러나 부정적인 해결을 통해서도, 그리고 해결하려는 과정의 부산물을 통해서도 수학의 발전은 이루어진다. 특히 부정적인 해결은 수학의 독특한 특징 중 하나이다. 불가능하다거나 존재하지 않음을 증명함으로써 수학이 발전할 수 있기 때문이다.

예를 들어 주어진 디오판토스 방정식을 해결할 수 있는 보편적인 알고리즘을 찾으라는 힐베르트의 문제는 마티아 세비치에 의해서 부정적인 결말이 주어졌다. 이것 역시 하나의 진보이다. 왜냐면 더 이상 이 문제로 씨름할 이유가 없어졌기 때문이다. 연속체 가설에 대한 폴 코언의 해결책도 큰 진보이다. 코언의 강제법은 추상적이면서도 매우 강력한 기법으로 유사한 문제들에 이 방법을 사용할 수 있기 때문에 수학자들은 하나의 무기를 얻었을 뿐만 아니라, 주어진 문제에 대해 전혀 새로운 차원의 이해를 갖게 되었다.

그래서 유명한 문제들의 해결은 수학의 발전에서 중요한 계기를 만든다. 이 때문에 영향력 있는 수학자들은 종종 미해결 과제들을 위해 공동의 노력을 기울일 것을 촉구하곤 했다. 힐베르트가 1900년 수학자대회에서 20세기에 풀어야 할 수학의 문제 23문제를 제시했다는 것은 유명한 이야기이다. 이외에도 여러 수학자들이 유사한 리스트를 만들어 과제로 제시하곤 했다. 1912년 수학자대회에서 에드문트 란다우는 주로 수론의 영역에서 현재로서는 도저히 해결 불가능한 문제 네 가지를 제시했다. 이것들은 골트바흐 추측, 쌍둥이 소수 추측, 르장드르 추측, 제곱수에 인접한 소수이다. 란다우 문제는 100여 년이 되어 가는 지금도 전혀 해결되고 있지 않지만 힐베르트 문제는 상당 부분 해결되었다. 힐베르트의 문제들 중에는 불명료하거나 재정식화되어야 할 문제들이 다수 섞여 있었기 때문에(예를 들어 물리학을 공리화하라는 문제는 수학의 문제라고 보기도 어려웠다) 흔히 '참된' 힐베르트 문제를 따로 분류하곤 한다. 이 '참된', 그러니까 수학적으로 분명히 주어진 문제들은 하나를 제외하면 모두 해결되었다.

한편 2000년 수학자대회에서 의장이었던 블라디미르 아르놀트는 100년 전의 힐베르트 문제를 의식해 필즈상 수상자였던 스티븐 스메일에게 21세기의 미해결 과제를 뽑아 달라고 부탁했다. 스메일은 모두 열여덟 개의 문제를 선정했고 이것은 힐베르트의 문제 중 해결되지 않은 (혹은 다시 재정식화된) 문제들을 여전히 포함하고 있다. 비슷한 시기에 일반인들에게 가장 많이 알려진 미해결 과제는 클레이 수학연구소의 밀레니엄 7 난제였을 것이다. 클레이 수학연구소에서 무려 100만 달러의 상금을 내걸고 전문적인 수학자들에게 의뢰해 뽑은 이 일곱 개의 문제는 일반인들이 이해하기에는 거의 어려운 전문적인 문제들이지만 상금의 막대함 때문에 크게 화제가 되었다.

한국인 최초의 필즈상 수상자

마지막으로 매우 건드리기 어려운 문제를 언급하지 않을 수 없다. 한국인의 필즈상 수상 말이다. 최근 어린 나이에 수학 올림피아드에서 금메달을 따고 서울대 수학과에 진학한 이수홍 군이 화제가 되자 '한국인 최초의 필즈상' 수상 가능성을 미리 기대하는 기사가 소개된 적이 있다. 그러나 테렌스 타오가 말했듯이 학문의 세계에서 상은 그 목표가 아니다. 한국을 찾은 많은 노벨상 수상자들이 "한국은 언제쯤 노벨상을 수상하겠느냐?"라는 식상한 질문에 하나같이 "과학자는 노벨상을 받기 위해 연구하지 않는 법이다."라고 대답하듯이 말이다.

지난 반세기 동안 캐나다의 브리티시컬럼비아 대학교에 있었던 이임학 교수는 원래 경성 제대에서 학부를 마친 한국인이다. 그는 한국전쟁 직후 혼란스러운 와중에 미군이 버리고 간 수학 잡지에 실린 문제를 풀어 해답을 편지로 보냈고, 이를 계기로 초청을 받아 캐나다에서 학위를 마쳤다. 하지만 한국 정부와의 갈등 때문에 한국 국적을 잃고 캐나다인이 된 그는 귀화 후 세계적인 수준의 대수학자로 살았다. 부르바키의 대표적인 학자인 디외돈네(그로텐디크를 위해 연구소를 세울 수 있도록 힘썼던 선배이기도 하다)가 현대 대수학을 만든 학자들을 정리할 때 이임학 교수는 그중 한 사람으로 당당히 이름을 올렸고, 그의 이름을 딴 '리군'이 있기도 하다. 이임학 교수는 유한단순군의 분류에 기여한 많은 수학자 중 한 명이다. 어쩌면 그는 20세기 수학사에 이름을 올릴 단 한 명의 한국인 수학자일 것이다.

아무런 풍토도 마련되지 않는 상황에서 이런 학자의 등장은 예외적이다. 우리는 이임학 교수와 같은 대가를 계획적으로 길러 낼 수 없다. 다만 수학을 좋아하고 연구를 할 수 있도록 기반을 만들 수 있을 뿐이다. 다행스럽게도 현재 외국의 좋은 대학과 대가들 밑에서 공부를 하고 있거나 공부를 마치고 돌아온 학자들이 많고, 국내의 연구 환경도 과거와는 비교할 수 없을 정도로 풍족해졌다. 세계적인 수학 저널에 논문을 싣는 한국 수학자들의 수를 이제 세기도 힘들 정도이다. 한국 수학계가 점점 발전하다 보면 필즈상 혹은 아벨상이나 크라포드상 등 다양한 수학 분야의 상을 자연스럽게 거머쥘 수 있지 않을까.

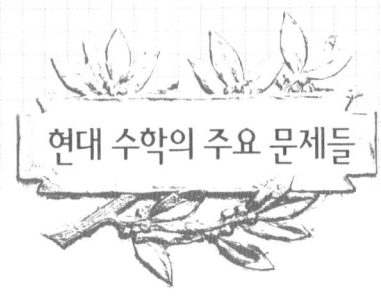

현대 수학의 주요 문제들

이제 힐베르트의 23문제부터 클레이 밀레니엄 문제까지, 앞에서 언급된 내용들을 중심으로 중요한 문제들의 내용과 현 상태를 간단하게 살펴보도록 하자.

:: 힐베르트의 23문제 ::

1번 ▶ 연속체 가설 — 자연수 집합과 실수 집합 사이에 해당하는 무한집합이 존재하는가?

앞에서 보았다시피 필즈상 수상자인 폴 코엔이 증명도 반증도 불가능하다는 것을 밝힘으로써 해결했다.

2번 ▶ 산술 공리의 일관성을 증명하라

괴델에 따르면 산술 체계 안에서 그 체계의 일관성을 증명하는 것은 불가능하다. 그러나 또 다른 논리학자 겐첸은 이 제한을 벗어나면 산술 체계의 완전성을 증명할 수 있다는 것을 보였다. 서로 다른 방식의 해결책이 주어졌는데, 과연 어느 쪽이 힐베르트의 문제를 해결한 것인지 논란이 있을 수 있다.

3번 ▶ 같은 부피의 다면체가 있을 때, 하나의 다면체를 유한개의 조각으로 잘라낸 뒤 붙여서 다른 하나의 다면체를 만들어 내는 것은 언제나 가능한가?

그렇지 않다. 힐베르트의 제자인 덴은 '덴 불변량'이라는 개념을 사용해서 정사면체와 삼각기둥이 가위 합동(가위로 잘라 내서 같은 모양을 만들 수 있는 성질)이 아님을 증명했다. 참고로 덴의 연구는 위상학의 매듭 이론에도 크게 기여했다.

6번 ▶ 물리학 전체를 공리화하라

수학의 문제가 아니라고 보는 견해가 있을 수 있다. 만일 물리 현상의 근본적인 원리를 찾으려는 시도라면 이른바 '만물 이론(Theory of Everything, TOE)'의 후보들(초끈 이론)을 언급할 수 있겠다. 필즈상 수상자인 에드워드 위튼의 노력뿐만 아니라 최근 수학과 물리학의 공통 연구 주제들이 이와 관련 있다.

7번 ▶ a(0이나 1은 아님)가 대수적 수이고 b가 대수적 무리수일 때 a^b는 초월수인가?

그렇다. 필즈상 수상자인 클라우스 로스의 업적에 대한 항목에서 다루었듯이 겔폰트 등에 의해서 해결되었다. 로트와 앨런 베이커 등이 이 문제와 연관된 업적을 남기고 있다.

8번 ▶ 리만 가설과 골트바흐 추측

둘 다 미해결된 상태이다. 리만 가설을 일반화한 베유 추측은 피에르 들리뉴에 의해서 최종적으로 증명되었다.

9번 ▶ 수체에서 가장 일반적인 상호 법칙을 발견하라

앞서 설명했듯이 이 상호 법칙의 확장은 랭런즈 프로그램과 깊은 관련이 있다.

10번 ▶ 임의의 디오판토스 방정식이 정수해를 갖는지 판별하는 알고리즘을 제시하라

마티야세비치가 박사 논문에서 그러한 알고리즘은 존재하지 않는다는 것을 증명하였다.

12번 ▶ 아벨체에 관한 크로네커 정리를 확장하라

이 문제는 '유체론'이라고 부르는 분야의 문제인데, 9번 문제와 함께 우리가 앞에서 잠깐 언급한 랭런즈 프로그램과 깊은 관련이 있다.

18번 ▶ 정다면체가 아니면서도 쪽맞추기를 할 수 있는 다면체가 존재하는가? 가장 밀도가 높은 공 쌓기는 무엇인가?

후자가 '케플러의 추측'이라고 불리는 문제이다. '3차원의 공간에서 여러 개의 구를 가장 밀집시켜 배열하는 방법은 무엇인가?'라는 질문에 대해 케플러는 과일을 쌓듯이 면심입방격자(面心立方格子) 방식으로 쌓는 것이 최선이라고 생각했다. 간단한 듯하면서 풀리지 않던 이 난제는 1998년 미시건 대학교의 토마스 헤일스에 의해서 해결되었는데, 마치 4색 문제처럼 컴퓨터로 유한한 경우의 수를 모두 점검하는 방식이었다. 그러므로 완고한 학자들은 '아직 미해결'이라고 생각할지도 모른다.

21번 ▶ **주어진 모노드로미(맴돌이) 군을 갖는 선형 미분방정식의 존재성을 증명하라**

이 문제에 대한 해결은 해석에 따라서는 긍정적으로도 혹은 부정적으로도 볼 수 있지만, 1970년대의 필즈상 수상인 피에르 들리뉴 등에 의해서 해결되었다.

23번 ▶ **변분법을 더 발전시켜라**

특정한 과제라기보다는 일반적인 주문에 가깝다. 우리는 제시 더글러스의 비누막 문제(플라토 문제)가 일종의 변분법의 과제였다는 것을 살펴보았다.

:: 스메일 문제 ::

힐베르트 문제와 100년의 차이를 두고 등장한 것이 스메일 문제들이다. 이 중 일반 독자들도 이해할 만한 몇 가지 문제를 꼽아 보자.

1번 ▶ **리만 가설(힐베르트의 8번째 문제)**

미해결. 클레이 밀레니엄 문제이기도 하다.

2번 ▶ **푸앵카레 추측**

그리고리 페렐만이 최종적으로 해결하였다. 클레이 밀레니엄 문제이기도 하다.

3번 ▶ **P=NP?**

계산 이론의 대표적인 미해결 문제이자 가장 중요한 문제 중 하나이다. 어떤 문제를 해결하는 데 걸리는 시간은 문제의 복잡성과 밀접한 관련이 있다. 클레이 밀레니엄 문제이기도 하다.

8번 ▶ **동역학을 경제 이론으로 도입하는 것**

이런 문제들은 응용수학의 문제들이 상대적으로 중요하게 여겨지기 시작한 수학의 풍토를 반영하고 있다. 수학의 연구 분야는 무한히 넓지만, 실제적인 필요성이 어떤 문제들을 더 우선적으로 탐구하도록 만드는 동인임에는 틀림없다.

13번 ▶ 힐베르트의 16번 문제

이 문제는 대수곡선과 곡면의 위상학적 문제로 알려져 있다. 몇 년 전 외국의 대학생이 이 문제를 풀었다고 해 화제가 되어 뉴스에 보도된 적이 있으나 잘못된 것으로 판명 났다. 스메일은 리만 가설과 함께 '가장 다루기 어려운' 문제로 이 문제를 꼽았다.

14번 ▶ 로렌츠 끌개

미국의 기상학자인 로렌츠는 기상 현상을 모델링하면서 연립 미분방정식을 사용하였다. 이 방정식을 수학적으로 풀어 보면 초기값과 관계없이 해가 두 개의 맴돌이로 이루어지는 나비 모양의 영역을 형성한다는 것을 알 수 있다. 로렌츠는 이것을 '기묘한 끌개'라고 불렀는데, 이것은 복잡계 이론에서 중요한 연구 대상이 되고 있다. 이 문제는 2002년 스웨덴 웁살라 대학교의 워윅 터커에 의해서 해결되었다.

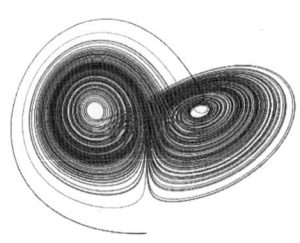

로렌츠 끌개.

15번 ▶ 나비어-스톡스 방정식

유체역학에서 사용되는 방정식으로 편미분방정식이지만 아직 해의 단서조차 발견하지 못한 난제 중 난제이다. 클레이 밀레니엄 문제에 속해 있다.

17번 ▶ 다항방정식의 풀이

계산 알고리즘 분야의 문제로 일반적인 경우 다항방정식을 다항 시간(문제의 복잡성에 비례하는 시간)에 풀 수 있는 알고리즘을 요구하고 있다. 토론토 대학교의 벨트란과 파르도는 다항 복잡도를 가지는 확률론적 알고리즘으로 이 문제를 부분적으로 해결했다. 임의의 디오판토스 방정식의 해가 존재하는지 여부를 묻는 힐베르트의 10번 문제와는 다른 종류의 것이다.

18번 ▶ 지능의 한계

스메일 문제 중에서 가장 철학적인 질문일 것이다. 인간과 인공지능의 한계는 무엇인가를 묻는다. 형식적인 계산 능력에 대해서는 튜링 기계의 이론이 주어져 있다. 그러나 구체적으로 그 한계를 물으면, 우리는 아직 이에 대해 아는 것이 별로 없다.

:: 클레이 밀레니엄 문제 ::

마지막으로 클레이 밀레니엄 문제가 있다. 독자들도 이제는 이름을 알고 있을 마이클 아티야를 비롯한 저명한 수학자들에게 클레이 수학 연구소가 의뢰해 만든 7개의 난제 중의 난제로, 문제들을 훑어보면 알겠지만 순수수학이라기보다는 더 넓은 분야의 수학적인 문제들이라 할 수 있다. 푸앵카레 추측을 제외하면 모두 해결되지 않고 있으므로 길게 설명하기보다는 어떤 분야의 문제들인지, 해결된다면 어떤 결과가 있을지 잠깐만 살펴보도록 하자.

1번 ▶ P 대 NP 문제

계산 이론, 알고리즘 이론의 중요한 문제이다. 이 문제가 해결된다면 '문제 풀이의 난해함 덕분에' 사용할 수 있는 현재의 암호 체계가 무용화될지도 모른다. 현재 많이 사용하고 있는 암호 체계는 큰 소수를 사용한 인수분해가 어렵다는 성질에 기댄 RSA 체계이기 때문에 소수의 분포에 대한 리만 가설이나 복잡도에 관한 P 대 NP 문제가 풀린다면 자연스럽게 위협받을 수 있는 불안한 위치라고 할 수 있다.

2번 ▶ 호지 추측

대수기하학 분야. 복소 대수 다양체에 관한 문제. 대수기하학은 그로텐디크 이후로 극히 추상적이고 어려운 분야가 되었다. 추상적인 대상을 다루는 강력한 방법론이 개발되었기 때문에 가능한 일이었지만, 아직도 그 추상화와 일반화의 과정에서 해결되어야 할 문제들이 있다. 호지 추측은 이 현기증 나는 추상의 세계에서 해결되어야 할 대표적인 과제이다.

3번 ▶ 푸앵카레 추측

위상수학의 문제. 이 문제는 (실현 가능성과는 별개로) 우리 우주의 형태를 위상학적으로 판별할 수 있는 방법론과 관련되어 있다. 즉 '공간의 매끄러움을 어떻게 알 수 있는가?'라는 문제가 푸앵카레 추측 안에 담겨 있다.

4번 ▶ 리만 가설

해석 정수론의 문제. 소수 분포에 관한 함축. 리만 제타 함수의 해가 소수의 분포를 지배한다는 추측이 사실로 입증된다면 리만 가설을 참으로 가정하고 이루어진 많은 연구들을 한꺼번에 모두 입증하는 결과가 될 것이다. 앞에서 말했다시피 소수의 성질을 이용한 수많은 실용적 분야들에도 대변혁이 일어날 수 있다.

5번 ▶ 양–밀스 질량 간극 가설

양자 군론의 문제. 양전닝은 리정다오와 함께 패리티 '비보존'이라는 놀라운 현상을 발견한 공로로 노벨상을 받은 장본인이기도 하다. 패리티 비보존이란 대칭성이 깨지고 좌우의 구별이 나타나는 근본적인 구조에 대한 연구이기도 하다. 양전닝은 중력을 제외한 자연의 근본적인 힘을 기술하기 위해 만든 방정식을 만들었는데, 실험적으로는 유용함이 밝혀졌지만 수학적으로는 입증되지 못했다. 이것은 '물리학을 공리화하라'라는 힐베르트의 문제가 여전히 다른 방식으로 살아 있음을 보여 주는 사례일지도 모른다. 좋은 문제는 완전히 사라지지 않는다.

6번 ▶ 나비어–스톡스 방정식

유체역학의 편미분방정식 문제. 배나 비행기를 만들 때 물과 공기와 같은 유체의 흐름에 대한 지식은 필수적이다. 하지만 그 유체의 흐름을 설명하는 나비어–스톡스 방정식은 근사적으로만 풀렸을 뿐, 그 해의 존재와 해법에 관한 수학적인 풀이는 이루어지지 못하고 있다.

7번 ▶ 버치 스위너톤–다이어 추측

방정식(타원곡선)의 해의 개수를 결정하는 문제. 이것은 순수수학에 해당하는 문제이다. 하지만 페르마의 마지막 정리의 증명 과정에서 연관된 수학의 다양한 측면들이 동시에 발전할 수 있는 계기가 주어졌듯이, 이 추측의 증명도 어떤 함의를 지니고 있을지 모른다. 최근 타원곡선은 소수 암호 체계의 뒤를 이을 암호 체계로도 사용되고 있기 때문이다.

:: 란다우 문제-문제의 완전한 해결? ::

1912년 에드문트 란다우가 소수에 관한 기본 문제로 거론했던 4가지 문제인 란다우 문제를 잠깐 짚어 보자. 이 문제는 누구나 이해할 수 있지만 풀기에는 간단하지 않은 질문으로 이루어져있다.

1번 ▶ 골트바흐 추측: 2 이상의 모든 짝수는 두 소수의 합이다

2번 ▶ 쌍둥이 소수: p와 p+2가 모두 소수인 짝은 무한히 많다

3번 ▶ 르장드르 추측: 연속하는 완전제곱수 p^2과 $(p+1)^2$ 사이에는 최소한 한 개의 소수가 있다

4번 ▶ 가까운 소수 추측 : p^2+1 형태의 소수는 무한하다

수학을 잘 모르는 사람들에게도 이러한 추측은 왠지 참으로 보인다. 많은 수학자들이 그렇다고 믿고 있다. 하지만 수학적 직관이 늘 들어맞는 것은 아니다. 예를 들어 주어진 수 x까지의 소수의 개수를 나타내는 $\pi(x)$와 로그 적분함수 $li(x)$ 사이의 관계가 그렇다. 아무리 큰 수를 대입한다고 해도 항상 $\pi(x) - li(x) < 0$ 으로 나타나기 때문에 이 관계가 항상 그럴 것이라고 여겨진다. 하지만 20세기 초 정수론 학자 리틀우드는 $\pi(x) - li(x)$의 값의 부호가 무한히 많이 바뀐다는 것을 증명했다. 이제 문제는 최초로 이 부호가 바뀌는 x의 값이 얼마인가 하는 것이다. 리틀우드의 제자 스큐스는 $\pi(x) - li(x) > 0$ 을 만족하는 가장 작은 자연수(스큐스 수라고 불린다)를 여러 번 구했는데, 1955년에 구한 그 값은 $10^{10^{10^{963}}}$ 이었다(리만 가설이 참이라고 가정하면 그 값의 크기는 좀 더 작아진다). 이 수가 얼마나 엄청난 것인지는 우주 전체의 기본 입자의 개수를 구한다고 해도 10^{100}개('구골' 개)보다 훨씬 적은 2.5×10^{89}개 정도라는 걸 떠올

려 보면 된다.

그러므로 1부터 차례대로 확인해서 $10^{10000000000000}$까지 확인했다고 하더라도 그 다음 수에서 반례가 나타날 수 있다면, 그 추측은 신뢰할 수 없다. 직관의 천재인 라마누잔이 골트바흐 추측에 대해 '거짓일 것 같다'고 예측했다는 이야기를 들었을 때 쉽사리 아니라고 부정하기 어려운 것도 바로 그 때문이다. 추측은 과감하되 증명은 완벽할 것. 증명이나 반증이란 예외를 허용하지 않는 완벽한 것이어야 한다.

하지만 항상 깔끔하고 완벽한 해결만이 주어지는 것은 아니다. 질문을 잘못 던졌다는 것이 밝혀지는 경우도 있고, 때로는 부분적인 혹은 변형된 해답이 주어지는 경우도 있다. 혹은 답을 구하고 보니 그다지 좋은 문제가 아니었음이 밝혀지거나, 그로부터 파생된 문제가 더 중요한 것으로 밝혀질 때도 있다. 수학의 여러 연구들은 그런 의미에서 매우 입체적이고 역동적으로 전개된다. 그리고 그 핵심에는 역시 '문제들'이 존재한다.

"힐베르트 문제들이 아직 다 풀리지 않았다."라는 이야기를 들은 어떤 사람이 "그래도 출제자는 알겠지?"라고 말했다는 농담이 있다. 우리가 학교에서 푸는 문제들은 대부분 답이 있는 문제들이며, 문제 풀이 과정을 훈련하면서 답을 이해하고 기억해야 하는 기본적인 내용들이 대부분이다. 하지만 연구자로서 어떤 문제를 푼다는 것은 전혀 다른 차원의 일이다. 여기서는 종종 답이 없다는 것이 밝혀지거나 질문을 바꾸어야 한다는 결론을 얻기도 한다. 혹은 한 가지 문제의 해결이 다른 문제의 탄생으로 이어지기도 한다. 하나의 문제가 풀렸다고 해도 수학의 문제들은 끝이 없다. 필즈상을 받은 수학자들은 모두 만 40세 이하였고, 필즈상을 받았다고 해서 수학 연구를 끝내지도 않았다. 그들은 그 다음의 새로운 문제로 넘어갔다. 이것이 바로 젊은 학자들에게 상을 주는 필즈상의 제정 목적이기도 하다. 다른 문제에 도전하도록 수학자들을 격려하는 것 말이다.

인명 정리

가스통 바슐라르(Gaston Bachelard, 1884~1962, 프랑스)

게르트 팔팅스(Gerd Faltings, 1954~ , 독일)

게오르크 리만(Georg Friedrich Bernhard Riemann, 1826~1866, 독일)

고다이라 쿠니히코(小平邦彦, 1915~1997, 일본)

고드프리 하디(Godfrey Harold Hardy, 1877~1947, 영국)

그리고리 마르굴리스(Gregory Aleksandrovitch Margulis, 1946~ , 러시아)

그리고리 페렐만(Grigori Perelman, 1966~ , 러시아)

괴델(Kurt Gödel, 1906~1978, 미국)

노베르트 위너(Nobert Wiener, 1894~1964, 스웨덴)

다비트 힐베르트(David Hilbert, 1862–1943, 독일)

대니얼 고렌스타인(Daniel Gorenstein, 1923~1992, 미국)

대니얼 퀼렌(Daniel Grey Quillen, 1940~ , 미국)

데이비드 멈포드(David Bryant Mumford, 1937~ , 영국)

도널드 스펜서(Donald Clayton Spencer, 1912~2001, 미국)

라르스 알포르스(Lars Valerian Ahlfors, 1907~1996, 핀란드)

라르스 회르만데르(Lars Hormander, 1931~ , 스웨덴)

라이프니츠(Gottfried Wilhelm Leibniz, 1646~1716, 독일)

레온하르트 오일러(Leonhard Paul Euler, 1707~1783, 스위스)

로랑 라포르그(Laurent Lafforgue, 1966~ , 프랑스)

로랑 슈워츠(Laurent-Moise Schwartz, 1915~2002, 프랑스)

로저 펜로즈 (Penrose, Roger 1931~, 영국)

르네 통(Rene Thom, 1923~2002, 프랑스)

리처드 보셔즈(Richard E. Borcherds, 1959~ , 영국)

리카르도 울프(Ricardo Wolf, 1887~1981, 독일)

롤프 네반린나((Rolf Nevanlinna, 1895~1980, 핀란드)

마그누스 괴스타 미타그 레플러(Magnus Gosta Mittag-Leffler, 1846~1927, 스웨덴)

마이클 아티야(Michael Francis Atiyah, 1929~ , 영국)

마이클 프리드먼(Michael Hartley Freedman, 1951~ , 미국)

메르센(Marin Mersenne, 1588~1648, 프랑스)

모리 시게후미(森重文, 1951~ , 일본)

모리스 클라인(Morris Kline, 1908~1992, 미국)

미셸 로에브(Michel Loève, 1907~1979, 프랑스)

막심 콘체비치(Maxim Kontsevich, 1964~ , 프랑스)

맥켄지(R. Tait McKenzie, 1867~1938, 미국)

버트런드 러셀(Bertrand Russell, 1872~1970, 영국)

벤델린 베르너(Wendelin Werner, 1968~ , 독일)

보언 존스(Vaughan Frederick Randall Jones, 1952~ , 뉴질랜드)

브누아 만델브로(프랑스어: Benoît B. Mandelbrot 브누아 망델브로, 1924~ , 프랑스)

볼프스켈(Paul Wolfskehl, 1856~1908, 독일)

블라디미르 드린펠트(Vladimir Gershonovich Drinfeld, 1954~ , 구 소련(현 우크라이나))

블라디미르 보에보트스키(Vladimir Voevodsky, 1966~ , 미국)

블라디미르 아르놀트(Vladimir Arnold, 1937~2010, 구소련)

사이먼 도널드슨(Simon Kirwan Donaldson, 1957~ , 영국)

세르게이 노비코프(Sergei Novikov, 1938~ , 러시아)

세르게이 베른슈타인(Sergei Natanovich Bernstein, 1880~1968, 러시아)

스리니바사 라마누잔(Srinivasa Ramanujan, 1887~1920, 인도)

스티븐 스메일(Stephen Smale, 1930~ , 미국)

숄렘 망델브로이(Szolem Mandelbrojt, 1899~1983, 폴란드)

아틀레 셀베르그(Atle Selberg, 1917~2007, 노르웨이)

알렉상드르 겔폰드(Alexandr Osipovich Gelfond, 1906~1968, 러시아)

야우 싱 퉁(丘成桐, 1949~ , 미국)

에드문트 란다우(Edmund Landau, 1877~1938, 독일)

에드워드 위튼(Edward Witten, 1951~ , 미국)

에미 뇌터(Amalie Emmy Noether, 1882~ 1935, 독일)

에바리스트 갈루아(Evariste Galois, 1811~1832, 프랑스)

에핌 젤마노프(Efim Zelmanov, 1955~ , 미국)

오스왈드 베블렌(Oswald Veblen, 1880~1960, 미국)

오스카 자리스키(Oscar Zariski,1899~1986, 미국)

안드레이 오쿤코프(Andrei Okounkov, 1969~ , 러시아)

안드레이 콜모고로프(Andrei Nikolaevich Kolmogorov, 1903~1987, 구소련)

알렉상드르 그로텐디크(Alexandre Grothendieck, 1928~ , 프랑스)

알론조 처치(Alonzo Church, 1903~1995, 미국)

앙드레 베유(Andre Weil, 1906~1998, 프랑스)

앙리 카르탕(Henri Paul Cartan, 1904~2008, 프랑스)

앙리 푸앵카레(Jules Henri Poincare, 1854~1912, 프랑스)

알랭 콘느(Alain Connes, 1947~ , 프랑스)

앤드류 와일즈(Andrew John Wiles, 1953~ , 미국)

앨런 베이커(Alan Baker, 1939~ , 영국)

앨런 튜링(Alan Mathison Turing, 1912~1954, 영국)

엔리코 봄비에리(Enrico Bombieri, 1940~ , 이탈리아)

올리버 헤비사이드(Oliver Heaviside , 1850~1925, 영국)

윌리엄 서스턴(William Thurston, 1946~ , 미국)

윌리엄 티머시 가워즈(William Timothy Gowers, 1963~ , 영국)

자크 아다마르(Jacques-Salomon Hadamard, 1865~1963, 프랑스)

제시 더글러스(Jesse Douglas, 1897~1965, 미국)

조제프 리우빌(Joseph Liouville, 1809〜1882, 프랑스)

조제프 루이 라그랑주(Joseph Louis Lagrange, 1736~1813, 프랑스)

조제프 플라토(Joseph Plateau, 1801~1883, 벨기에)

조지 폴리아(George Pólya, 1887~1985, 헝가리)

장 디외도네(Jean Dieudonne, 1906~1992, 프랑스)

장 델사르트 (Jean Delsarte, 1903~1968, 프랑스)

장 부르갱(Jean Bourgain, 1954~ , 벨기에)

장 크리스토프 요코즈(Jean-Christophe Yoccoz, 1957~ , 프랑스)

장 피에르 세르(Jean-Pierre Serre, 1926~ , 프랑스)

존 라이튼 싱(John Lighton Synge, 1897~1995, 아일랜드)

존 밀노어(John Willard Milnor, 1931~ , 미국)

존 에덴서 리틀우드(John Edensor Littlewood, 1885~1977, 영국)

존 찰스 필즈(John Charles Fields, 1863~1932)

존 톰슨(John Griggs Thompson, 1932~ , 미국)

찰스 페퍼만(Charles Louis Fefferman, 1949~ , 미국)

천쉥쉔(陈省身, 1911~2004, 미국)

첸징륜(Jingrun Chen, 1933~1996, 중국)

카르다노(Girolamo Cardano, 1501~1576, 이탈리아)

칸토어(Georg Ferdinand Ludwig Philipp Cantor, 1845~1918, 독일)

칼 지겔(Carl Ludwig Siegel, 1896~1981, 독일)

커티스 맥멀렌(Curtis T. McMullen, 1958~ , 미국)

코시(Baron Augustin Louis Cauchy, 1789~1857, 프랑스)

크로네커(Leopold Kronecker, 1823~1891, 독일)

크리스티안 골트바흐(Christian Goldbach, 1690~1764, 러시아)

클라우스 로스(Klaus Friedrich Roth, 1925~, 독일)

테렌스 타오(Terence 陶哲軒, 1975~ , 호주)

파스칼(Blaise Pascal, 1623~1662, 프랑스)

페터 디리클레(Peter Gustav Lejeune Dirichlet, 1805~1859, 독일)

푸리에(Jean Baptiste Joseph Baron de Fourier,1768~1830, 프랑스)

프란체스코 세베리(Francesco Severi, 1879~1961, 이탈리아)

프란츠 노이만(Franz Ernst Neumann, 1798~1895, 독일)

프리드리히 가우스(Johann Carl Friedrich Gauss, 1777~1855, 독일)

피에르 드 페르마(Pierre de Fermat, 1601~1665, 프랑스)

피에르 들리뉴(Pierre Rene Deligne, 1944~ , 프랑스)

피에르 루이 리옹(Pierre-Louis Lions, 1956~ , 프랑스)

펠릭스 클라인(Felix Christian Klein, 1849~1925, 독일)

폰트랴긴(Lev Semyonovic Pontryagin, 1908~1988, 러시아)

폰 노이만(John von Neumann, 1903~1957, 미국)

폴 디랙(Paul Adrien Maurice Dirac, 1902~1984, 영국)

폴 에르되시(Paul Erdős, 1913~1996, 헝가리)

폴 코엔(Paul Joseph Cohen, 1934~ , 미국)

히로나카 헤이스케(広中平祐, 1931~ , 일본)

헤르만 민코프스키(Hermann Minkowski, 1864~1909, 러시아)

헤르만 바일(Hermann Weyl, 1885~1955, 독일)

헨리크 아벨(Henrik Abel, 1802~1829, 노르웨이)

홀거 크라포드(Holger Crafoord, 1908~1982, 스웨덴)

주요 참고 문헌 및 추천 서적

Atiyah M F. et al., *Fields Medallist's Lectures* (World Scientific Series in 20th Century Mathematics, 9), World Scientific Pub Co Inc., 2003.

Krantz, S G., *Mathematical Apocrypha Redux: More Stories and Anecdotes of Mathematicians and the Mathematical*, The Mathematical Association of America, 2005.

Krantz, S G., *Mathematical Apocrypha: Stories and Anecdotes of Mathematicians and the Mathematical*, The Mathematical Association of America, 2002.

Monastyrsky, M., "Some Trends in Modern Mathematics and the Fields Medal", CMS NOTES de la SMC, March and April 2001, Volume 33, nos. 2 and 3.

Monastyrsky, M., *Modern Mathematics in the Light of the Fields Medal*(translation), AK Peters, 1998.

Odifreddi, P., *The Mathematical Century: The 30 Greatest Problems of the Last 100 Years*(translation), Princeton University Press, 2004.

Yandell, B., *The Honors Class: Hilbert's Problems and Their Solvers*, AK Peters, 2003.

수학의 노벨상 필즈상 이야기

펴낸날	초판 1쇄 2010년 8월 16일
	초판 9쇄 2020년 10월 12일

지은이	김원기
펴낸이	심만수
펴낸곳	(주)살림출판사
출판등록	1989년 11월 1일 제9-210호

주소	경기도 파주시 광인사길 30
전화	031-955-1350 팩스 031-624-1356
홈페이지	http://www.sallimbooks.com
이메일	book@sallimbooks.com

ISBN   978-89-522-1468-3   04410

살림Friends는 (주)살림출판사의 청소년 브랜드입니다.

※ 값은 뒤표지에 있습니다.
※ 잘못 만들어진 책은 구입하신 서점에서 바꾸어 드립니다.